感受风景

——风景园林设计的思考方法

风景园林理论·设计读本

[日] 长谷川浩己 著

张安 张清海
孔明亮 马嘉 译

张云路 郭敏
戴菲 校

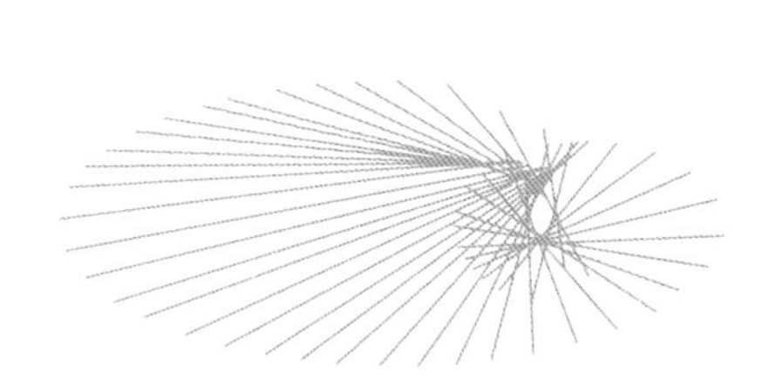

中国建筑工业出版社

著作权合同登记图字：01-2021-3713号
图书在版编目（CIP）数据

感受风景：风景园林设计的思考方法／（日）长谷川浩己著；张安等译．—北京：中国建筑工业出版社，2019.10
（风景园林理论·设计读本）
ISBN 978-7-112-24112-5

Ⅰ．①感… Ⅱ．①长… ②张… Ⅲ．①园林设计－研究 Ⅳ．①TU986.2

中国版本图书馆CIP数据核字（2019）第184254号

责任编辑：张鹏伟　刘文昕
版式设计：锋尚设计
责任校对：李欣慰

风景园林理论·设计读本
感受风景
——风景园林设计的思考方法
［日］长谷川浩己　著
张安　张清海　孔明亮　马嘉　张云路　郭敏　译
戴菲　校
*
中国建筑工业出版社出版、发行（北京海淀三里河路9号）
各地新华书店、建筑书店经销
北京锋尚制版有限公司制版
北京富诚彩色印刷有限公司印刷
*
开本：880毫米×1230毫米　1/32　印张：4⅜　字数：120千字
2021年3月第一版　2021年3月第一次印刷
定价：48.00元
ISBN 978-7-112-24112-5
（34300）

序

记得还是在去年（2018年），研究室的学生拿着长谷川先生的这本新书向大家推售，还没有等到仔细阅读，就得知已经译成中文准备出版。真是时代变了，深感跟不上当代学子的节奏与步伐。

17年前（2002年）在中国出版过长谷川和三谷先生的作品集，当初的作品风格明显的受到了以美国为主的现代景观设计手法的影响，放弃对传统空间的抽象表述而崇尚通俗易懂的平面构图。不过，如果关注过长谷川先生近些年作品的话，总会感觉少了很多“锋芒”，刻画的场景也从多点到一点，手法上越发“不痛不痒”，不求“尽善尽美”，却能很准确的抓住生活中不经意的感受，通过意想不到的形式表现出来，让所有看过的人叫绝！这种不追求遍地开花，以小胜大的解读，也许正是走向成熟和自信的一种大师风范。如果把作品描述成设计师内心真实写照的话，谦逊、随意、节制，同时又富有浪漫、激情和一点点的隐晦之感的作品风格，渐渐摒弃强势的平面构成，以一种微小而素朴日常的空间语言，让无形的场所氛围被感受到，被“看得到”。

本书虽不能诠释长谷川先生的设计思想，但定会收获满满。设计师的成长需要时间和多方面的积累，正像孟兆祯先生在北林设计40周年研讨会上所讲到的“零存整取”一样，只有点点滴滴的进取，才能有超越自我的所得。本书将会给每位读者带去不同的丰盛大餐，滋润着译书的海归学子、一线的设计师们茁壮成长，让生活更美好！

章俊华
2019年4月2日
于松户

前言

1

数十年前，曾在巴厘岛逗留过两周的时间。恰逢乌布的夜晚至黑之时。某天夜晚，去附近一个以宫廷舞蹈著名的村落游玩。搭熟人的摩托车走了半道，中途独自一人在田中行走。便携式手电的光恰好只能够照亮脚下，周围随处漂浮着萤火虫微弱的光。

剧场在黑暗的一角显得特别明亮、人群攒动，十分容易发现。裸土场地，长椅坐席，白炽灯照明。只有顶棚，没有隔断。周边青蛙的鸣叫声如消音器一般，包裹着人群中高亢的嘈杂声。

付过钱的观光客们享有坐长椅的权利，而村里的孩子们则有自由进出坐席与舞台间场地的特权。舞台上甘美兰的乐团早已就坐，看上去应该是在调音，随处回荡着乐章的片段。

一瞬间，突然所有的乐器就像约定好似的一起奏响，演出就这样莫名其妙地开始了。那种令人起鸡皮疙瘩一般的感动，至今记忆犹新。

各种各样的人聚集在一起，大家共有着时间与场所，包括来此地的一路。声音、光线、气味、氛围、剧场的种种，一瞬间成为反转的舞台，包裹着我的这一切衍生出这一刻的时间与体验。换句话来说，我想我应该在这一刻体验着这个世界。我相信，只要与身边产生联系，我们就能够与更遥远的地方相联系，我想与世界相联系着的这种实感对于我们来说至关重要。

现在，能够拥有这样的实感可能越来越困难了。网络上浮游着的无数信息与虚拟现实、夸大的现实等等所带来的崭新的体验，令我们沉溺其中。在这样的情况下，究竟今后的局面会如何，虽然我无从想象，但是我可以肯定，我们正处在对于世界的认识发生巨大变化的时代之中。所以，我们有必要再一次审视这个所谓世界的全局。

2

孩童的时候，喜欢看“非洲草原与戈壁”，或是“沿加拿大育空河顺流而下”一类的电视节目。虽然它们在地理上与我自身现在所在的场所应该是有联系，但是那里确实随处有我从未见过的风景。那片土地上应该存在有生活在那里的人与动物，对于他们来说那里（就像对于我来说我自身现在所在的场所）应该是理所当然的场所吧。这是一种非常不可思议的感觉，也许我是喜欢通过电视去体会那种身在异国他乡的感受吧。

从那以后，日本开始进入经济高度成长期，公害及环境等社会问题也逐渐浮现出来。特别是通过石牟礼道子的书以及尤金·史密斯的照片所得知的水俣病的情况令我十分震惊。由于这些经历，也使得我在大学中选择了环境类学院，转为设计方向以后仍然对此耿耿于怀。

小时候想象中的世界是大到无边无际，但也明白如若一直走的话也能够到达目的地，在那里会有以此地为生的人与动物。世界真的如此之大，我们的存在真的如此渺小。

但是现在又如何呢？确实公害病一类的负面影响正在日益减小。但是另一方面，海洋污染、环境激素、地球暖化、放射线污染等等，各种问题发展为更宽泛、更具长期性，甚至涉及全球。城市也由于受到科学技术急速发展的影响，进展至史无前例的高密度化与城市蔓延（Urban sprawl）化状态，存在着数不胜数的问题。可以说问题的尺度与类型正在持续上升。

我们人类凭借技术的力量急速巨大化，这百年来对于地球所造成的影响也远超出以前。但是我们每个人对于世界的认知，与我小时候的感觉相差无几。即便是在数字面前我们的感觉还是有所滞后。现在的人类脑洞还是那么小，但是已经发展为巨大的恐龙。自己尾巴的哪里出了问题，自己的脚踏在何处，自己所能吃到的树叶究竟还有多少，都不太在意、可以说根本就没有想过。即便是曾经在脑海中飘过反正早晚我们会灭亡这样的意念。

3

这两个话题，是我踏入风景园林设计这个领域时，我的双脚的站立位置。无非是个人的体验，以及从俯瞰角度所观察到的“我们”的存在。但是，无论哪一个的根源都在于对这个世界以及与这个世界对接的兴趣。这两点在我自身内部相互交织无法分离，对于我来说也许设计就是探寻答案的工具。回过头看走过来的路也许觉得都是顺理成章，但是一个又一个选择的根底皆源于这两个话题。

可能是出于小小的责任，期望能够为诠释与世界的关系这一课题作出应有的贡献。在眼前的世界中，能够参与形成与他者共享时空的场所营造。我时常在考虑，我认为现在所做的一切能够成为迈向下一个时代的起点。

两个话题也是出于两种视角的观点。对于当下的我们所需要的是匹配自身的力量，对于远方能有预见的眼力。同时具备将眼前微不足道的风景与俯瞰地球全体等同观察的眼力。这不仅仅是局限于感觉的话题，也是有关于经济的话题、有关于公共性的话题、有关于政治的话题、有关于科学的话题、有关于驱使技术的话题。正确理解世界运作的机制，首先必须认识到现在存在的风景，其背后必定是有理由的。

世界就好像各种具有关联性的事物如同编织网一般交织在一起，它的表象即成为各种各样的固有风景。风景园林设计能够在这种关联性以形态出现的场合得以介入，非常幸运、亦非常艰难。

怀着这样的想法，将工作中所想到的一些事情以关键词的形式加以总结。可以信手翻阅，亦可以按照我所排列的顺序阅读。虽然各自都是独立成章的关键词，相互间有着舒缓的联系，整体形成一个完整的轮廓。

风景园林设计对于我来说是一种思考问题的方法，亦是一种观察事物的方法。这种思考方法并不能够明晰表达，就像是以模糊轮廓浮现出来的多面体一般。如果能够把这样的意向传达给读者的话就算是达到我的初衷了。

长谷川浩己
2017年8月

目录

凡例

🕮　表示与各项相关联的扩展阅读书目。

I 思考的线索

一直以来在想的是，

通过风景园林设计这一行为，

究竟如何看待、如何面对世界及风景这个茫漠且暧昧的对象。

在此，作为“思考的线索”，将一些思考的片段加以了罗列。

一共抛出了4个主题，各个主题相互间有所关联。

01 感知风景

理所当然一般的存在，仿佛像空气一般的存在。这是对于绝大多数人来说，风景的存在感。在失去的一刹那才能感受到它的存在，从这一点来说如同空气一般。将这样的风景视作为客观对象，这是风景园林设计的第一步。感受到风景的存在、将其视作对象，不仅是设计师需要具备这样的视点，这也是我们普通人所必须具备的重要的读解能力之一。我们现如今已经不仅仅是单纯被风景所包裹一般的存在，我们拥有了一夜间可以将其改变、甚至于颠覆的力量。

02 参与关联性

我认为关联性是一个非常重要的关键词。但是如果仅仅是这样描述的话，有可能几个回合也表述不清真正的意图。可能会有更好的相替代的词语，对于当下只能谈关联性的自己感到无地自容。不管怎样，风景园林设计绝不是自身完结的事物，一定是与彼处所存在的事物，或者是其周边所存在的事物产生关系的前提下才得以存在。然后在形成的同时与彼方产生关联性，整体才得以始动。

03 设置场所

在我的脑海中，场所应该是像无数的泡泡一般，不断涌现又不断消失的事物。当然无论谁都拥有家这样的物化场所，这是生活中所必要的。与此同时，有一些小小的、就像是一瞬间浮现出来的无数的场所，对于我们活在这个世界上的意义也至关重要。以场所为媒介，此起彼伏产生着各种各样的行为，人们体验着从属于这个世界的感受。置身场所的一刻，亦或是经过一段时间后开始发生交流，随后理应逐渐转变为人们聚集的空间。如果从设计的角度来考虑这样的场所产生的频度以及种类丰富的程度，又该如何。

04 风景即公共空间

地表空间即是公共空间，我们不经意间会这样说。但不意味着这是“为了大家的空间”一般，中立且最终不为了任何人的空间。风景中不仅是只有人类，实际上更有许多其他的事物参与其中、互相作用。各自着眼于环境的最优化，促进产生变化、持续运作的世界中具有风景的原点。这种多样性的集合体，其实就是公共空间。通常所认为的诸如行政机关所属的空间大多没有亮点，我觉得原因应该在于对于公共空间的理解偏差。公共空间应当是随着时间的推移，其状态及状况瞬息万变般的存在。

01 感知风景

人来到这个世界不多久就能睁开眼睛，又过不了多久就能区分自己与周围的这个世界。也许在那个时刻，那个人的风景也随之降生于这个世上。这是作为世界这个事物表象的风景，也是对于将包罗自身的所有存在的定义。我们在这个世界上诞生、呱呱落地，风景一直是以“已经在那里存在”的姿态而现身。就像是哲学家市川浩所说的那样，原本我们自身就是与风景在无关联的前提下所不存在的，具有“身体间性（Intercorporeality）”。

风景园林设计师不是造物主。我们的工作不是创造，应当是运作彼处已有的事物。这种态度不如说是参与，得到已经在那里存在的事物的允许而加以改变的这种说法可能更为贴切。实际上，在这个世界上生存着的，在这个世界上活动着的任何事物都与这样的改变有关。清晨开店、摆放果蔬的老太太，从空中降下的一滴雨，所有的，都是。

风景园林设计到底为何物？应该取决于我们对于这样的改变，是否下意识地去加以关注的程度。世界可以看作是所有事物所形成的潮流以层状重叠。风景园林设计的工作即是在不断调整各种各样日益复杂化的图层间关系的同时，摸索属于下一个时代的风景。与此同时，期望在这样的潮流中能够确保属于我们自身的那片小小的生活场所。这也是将“已经在这里存在的风景”进而连接到未来的线索。

市川浩著，《“身”的构造》，讲谈社（1993）
三木成夫著，《内脏与心》，河出书房新社（2013）

从空中俯瞰岩手县紫波町散居村落

世界中遍布着“他者”

世界就像是一张庞大的由关联性所组成的网，这种关联性产生于自立存在的他者。他者拥有自立的意识，以及思考。如此说来的话，又好像只有人类才能成为他者。但是，在此，我希望将参与这个世界运作的所有拥有自身的力量并与我们产生关联、交织在这张网中的事物都称作为他者。如同文化人类学者格列高里·贝特森所述的“精神”与“自然”，爱德华多·科恩所述的“诸自我”（Selves）与“活着的思想”（The Living Thought）的意味。

人类以外最近身的他者应该是植物吧。非常明晰的自立存在，他们持有自身为了生存的意念以及战略。森林的迁移正是反映了他者们互相竞争、共生的行为过程。森林最终将演变成为顶级群落，如若是未能朝着这个方向发展，那一定是因为受到雷电或火山喷发引发山火的影响、亦或是由于人类的生产活动等企图，对于既存关联性的介入而导致的结果。在这样的文脉下，雷电与火山活动也是作为压倒性力量所存在的他者，林业在经济的意味上也可以归为他者。

以文化性的一面来表现与他者错综复杂的关联性所产生的事物的话，有可能称之为风土，以科学性的描述来说的话，有可能称之为固有的生态系统。总而言之，世界是庞大的他者之间力量的相互干预，在回合之间所产生的动态平衡或是不平衡均以风景的形式呈现。关联时时刻刻在发生着改变，从未停息。我们每个人也作为涉及风景构成的一员，成为风土以及生态系统中重要的一部分。

格列高里·贝特森著，佐藤良明译，《精神与自然》，新思索社（2006）
爱德华多·科恩著，奥野克巳、近藤宏译，《森林的思考》，亚纪书房（2016）

植物持有自身的意念

建筑的地板
0% 0°

运动场、网球场等的推荐排水坡度
0.5% 1 : 200 0.3°

铺装表面的标准排水坡度
1% –2% 1 : 100–1 : 50 0.6–1.1°

草坪的排水坡度，草坪运动所适合的坡度
2% 1 : 50 1.1°

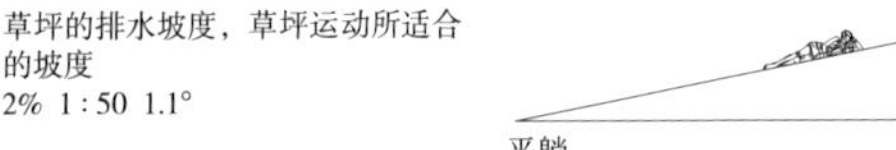

道路的横断面坡度
2% 1 : 50 1.1°

视觉上能感知为平坦的最大坡度
3% 1 : 50 1.7°

轮椅用坡道的纵断面坡度的极限（室外）
轮椅用坡道的横断面坡度的极限
视觉上能感知为平坦的草坪的最大坡度
5% 1 : 20 2.9°

轮椅用坡道的纵断面坡度的极限（室内）
8.3% 1 : 12 4.7°

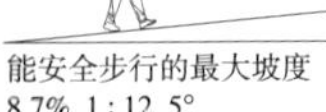
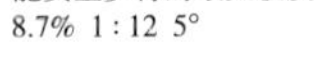

能安全步行的最大坡度
8.7% 1 : 12 5°

易于就坐的坡度
10% 1 : 10 5.7°

沙滩（海岸一侧）
10.5% –13.2% 1 : 9–1 : 7 6–7.5°

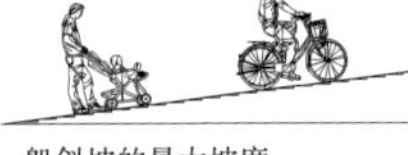
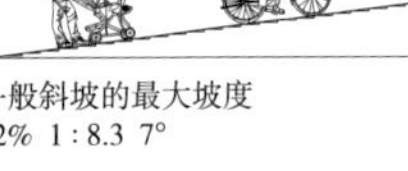

一般斜坡的最大坡度
12% 1 : 8.3 7°

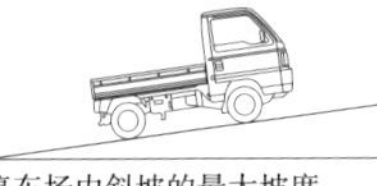

停车场内斜坡的最大坡度
17% 1 : 5.8 9.6°

平躺
20% 1 : 5 11°

附带斜坡的楼梯最大坡度
25% 1 : 4 14°

就坐最舒适的坡度
33% 1 : 3 8.3°

外部楼梯的最大坡度
36.4% 1 : 2.7 20°

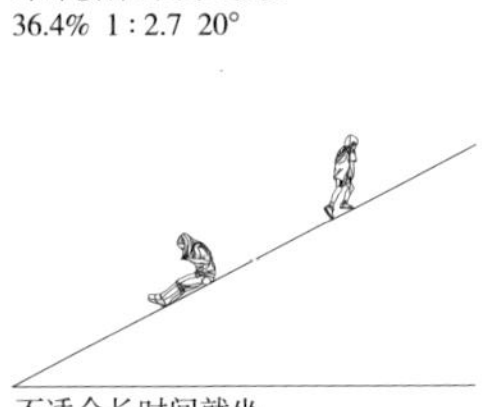

不适合长时间就坐
50% 1 : 2 26.6°

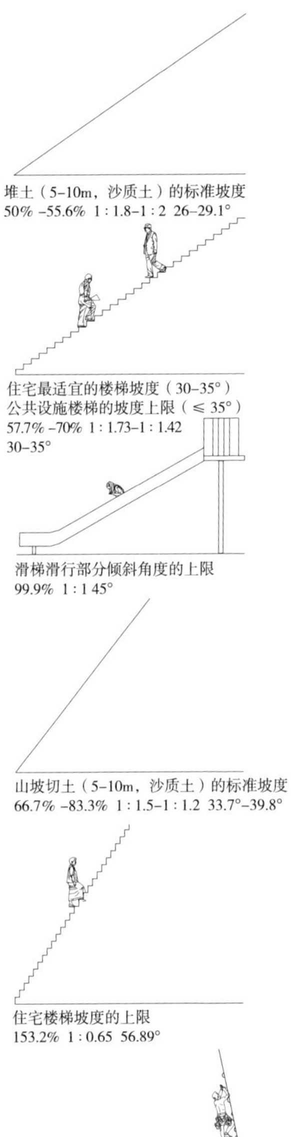

堆土（5–10m，沙质土）的标准坡度
50% –55.6% 1 : 1.8–1 : 2 26–29.1°

住宅最适宜的楼梯坡度（30–35°）
公共设施楼梯的坡度上限（≤ 35°）
57.7% –70% 1 : 1.73–1 : 1.42
30–35°

滑梯滑行部分倾斜角度的上限
99.9% 1 : 1 45°

山坡切土（5–10m，沙质土）的标准坡度
66.7% –83.3% 1 : 1.5–1 : 1.2 33.7°–39.8°

住宅楼梯坡度的上限
153.2% 1 : 0.65 56.89°

攀岩
90°–

世界中遍布着坡度

我们所站立着的这个地球的表面，理所当然不是平坦的。大地隆起成为山体，大雨侵蚀形成山谷，土砂堆积形成扇状地貌。在悠久的时间刻度中，其姿态时刻发生着改变。在这样的地表上，唯一的绝对水平面也只有文字游戏一般的所谓水面。在人们大量居住着的城市区域中，停车场、广场以及住宅地等看上去有很多应该是水平的地方，其实都存在1%～2%的所谓排水坡度。

在建筑的世界中，地板理所当然应该是水平的，如果是倾斜的话那就足以形成一个事件。但是，在风景园林设计中，世界是倾斜的这一事实是前提条件。地面一定会有坡度存在。遵循着这个坡度，流淌的水流孕育了这个循环性生态圈，以此为基础我们人类形成了文明以及文化圈。这是人类与环境间相互作用而产生风景最基本的根源之一。

另外一点，坡度给生活在这个世界上的我们带来了莫大的恩惠。这就是坡度所引发的我们的举动的多样性。在海边可以平躺着的沙滩、烟花大会中作为观众席的河岸护坡、可以令我们享受滑雪乐趣的雪山等等，都是坡度所带来的诱发行为的可能性。坡度亦代表着高差。即便是微小的坡度，在坡上所看到的风景与在坡下所看到的风景也不尽相同。在盆地地形底部能够仰望蓝天，在小山山顶所看到的则是一望无际的全景图。坡度对于我们来说，直接联结着我们对于这个“世界的感觉”。

日本建筑学会编，《袖珍建筑设计资料集成（城市再生）》，丸善出版（2014）

街边各种各样的坡度

2

风景也有表情

我所看到的风景与你所看到的风景，严格来说的话应该是不尽相同的吧。就像是心像风景这个词汇一样，最终风景可以说是来自个人的体验。但是只要我们以肉身活在这个相同的世界中，我们与包裹着我们的这个眼前的风景就有着不可割舍的联系。风景不仅仅是作为背景。人们对于风景，就像是市川浩所说的以“自己的身体”相呼应，在这样的不断重复中产生出彼处才有的风景。

寒冷北方的海岸、夏日的高原、山间的小村落、茫漠的大平原、喧嚣的城市一角。世界上其实存在有各种各样的风景，在那里日常的生活与生计不断重复并与其相呼应，这样的场景也被称作为特有的“风土”。风土对于生长在那里的人们来说就是原风景。与此同时，这也是来自超越个体的主观观念的人们所共有的感觉与风景长期作用的结果。

风景有自己的表情。即便是不以风土这样大的尺度，风景时常带着某种表情而出现。就像是我们看到笑脸会感到舒心、看到严肃的表情会产生紧张一般，在无意识之间我们对于风景会做出反应。在做设计的时候特别是对此要有意识。面对彼处固有风景，无论选择使用何种形式语言，其目的是为了唤起更多的人参与到风景中来。这也是与风景之间新的重逢。所谓风景园林设计，也可以说是在解读固有风景的表情的同时埋下小小的原风景的种子。

📖
和辻哲郎著，《风土》，岩波书店（1979）

1. 远野、荒川高原放牧
2. 温哥华岛fino海岸上堆积着漂浮而来的木材

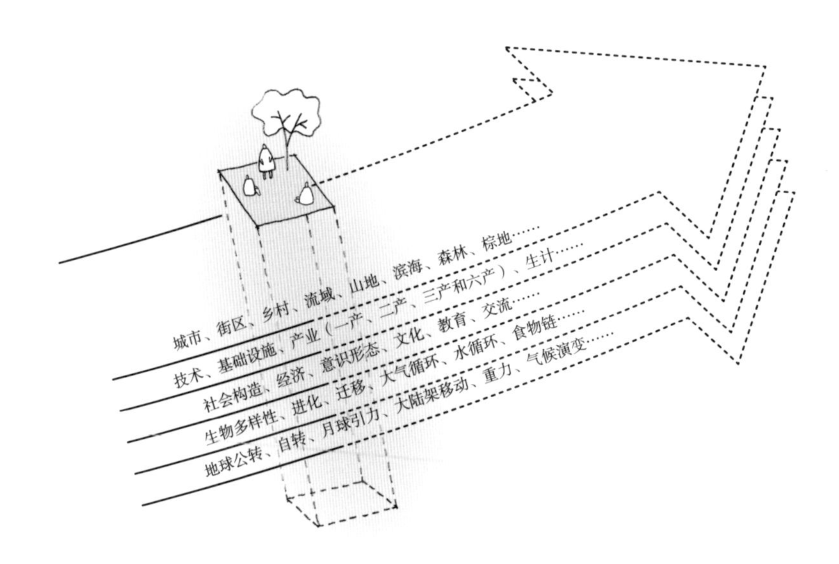
城市、街区、乡村、流域、山地、滨海、森林、棕地……
技术、基础设施、产业（一产、二产、三产和六产）、生计……
社会构造、经济、意识形态、文化、教育、交流……
生物多样性、进化、迁移、大气循环、水循环、食物链……
地球公转、自转、月球引力、大陆架移动、重力、气候演变……

风景存在于运作之中

比方说即便是一大早就开始下雨，也总会有雨过天晴的时候。风景就像是处在持续变化的巨大的运动旋涡之中。有白天与黑夜的分别当然是因为地球自转的缘故，而四季的到来则是由于地球保持着绝妙的自转角度围绕着太阳在做公转的缘故。雨后位于下总台地边缘的自宅，据说在绳纹时代是处于海底。降在这里的每一颗雨滴都会汇集到台地的低洼处，总会有一天经由江户川注入东京湾吧。

在这样长期且巨大的运作中，大气产生循环、生物正在进化并趋于多样化、产生出动态且均衡的生态系统。在其中，我们开拓田地、建造城市、形成产业、考虑政治的机制，从而发展到了今日。眼前所眺望的风景，只不过是无数这样的图层展现在此刻的一瞬而已。世界全体的运作不会停止，只会一直持续下去。我们所在的位置始终位于最前端。

设计的可能性究竟在何方。就像是处于蕴涵着不可抵抗的巨大运动的深层之上，我们现在所处的场所在时间以及空间上都与之发生联系而存在着。首先对此应该有所自省，面对我们将要触碰的场地，应当以自然的形式契合图层一般尝试着去加以调和。风景园林设计的乐趣就在于面对这个持续运作并展现在眼前的这个世界。尽可能捕捉住潮流及变化，使得潮流及变化转化为场地的魅力所在。在世界的潮流中，从这里产生的场所能够如同漂浮在潮流中的一叶扁舟一般即是佳作。

贝塚爽平著，《东京的自然史》，讲谈社（2011）

1. 大雨过后的江户川
2. 调和各种图层的关联，在其上浮现场所

风景可以由外部被发现

在平时的日常生活中，我们应该很少会刻意去关注眼前的风景。既存的风景，与之相对的，从设计师的立场出发的对于风景下意识的介入之间，一定存在有“发现风景”这一过程。在发现风景的同时，风景才得以显现。这可能是在不得不离开居住习惯的环境的时候，或是必须面对新的环境的时候，由某种失落感所产生的。

从农村来到城市的人们对于农村风景的再发现，经过重工业时代来到后工业时代后开始认识到工业景观的存在、甚至发展到如今的“工厂萌系”。当然，也存在自古以来将对于风景的占有视作权力象征的思想，以及作为内在意识投影的风景观。但是，将包罗群像的风景作为确切对象加以审视应该是近代以后才开始产生。

所谓从外部看风景，也可以说是加以类别化。信息社会的发展亦在加速这种类别化。我们会有很多自认为了解，但是又从未去过的场所。比方说盛行的农村风景这一固有观念，就像是镶嵌在画框内的风景标本，我们是否把所谓的“客体化风景”与真正的风景在加以混淆？类别化、外部化是难以避免的程序，但是如果我们不仔细关注表现型的内部以及深层的话，就有可能找寻不到下一个时代的农村风景。

奥古斯丁·伯克著，篠田胜英 译，《日本的风景 西欧的景观》，讲谈社（1990）
段义孚著，小野有五、阿部一 译，《恋地情结》，Serika书房（1992）

东京湾的集装箱装运码头

被剪切的风景

所谓的剪切，也就是对象化。这意味着位于其外部，与此同时也意味着片段化。风景作为包裹着我们的全体像而存在，我们处于出于认知而将其剪切、片段化的窘境中。不仅仅局限于风景，在认知、理解这类行为的背后，片段化这一副作用是否始终存在。就如同“取名”这种行为。

《东海道五十三次》[①]浮世绘，可以说是55张被剪切的风景。虽然未曾去过，但是感觉是非常熟悉的名胜风景。这样的事物以其可观赏价值而出现，开始流通。这与江户时代治安相对良好、旅行成为日常化的发展过程也吻合。西洋画中也开始出现风景画一类的形式，“被剪切的风景”与“现实风景”间开始产生微妙的差异。今后，如果虚拟现实（VR）等发展起来的话，整体状况可能亦将发生巨大的改变。

当风景作为一种事物开始具有价值的时候，无论是下意识的或是无意识的，都会带有特定的意味。现在可能是天文数字数量级的、仅带有丝许个人意味的风景片段充斥在互联网上。在客体化风景诞生之前，我们甚至对于风景的概念一无所知。在风景被对象化、片段化后才意识到其存在，随之而来的就是将意味随意强加于风景之上。当然，风景园林设计的对象是现实风景。特别是对于观光产业来说，客体化风景的存在是重要的前提，设计往往首先从与之相纠缠而始。

涩泽龙彦著，《胡桃中的世界》，河出书房新社（2007）

约翰·厄里、乔纳斯·拉森著，加太宏邦译，《旅游凝视》，法政大学出版局（2014）

① 《东海道五十三次》：浮世绘画师歌川广重作品，描绘日本旧时由江户（今东京）至京都所经过的53个驿站的景色。

就像是在声音与音乐之间

声音如何能够成为音乐。应该是在很久以前，有一个叫St.GIGA[①]的卫星数字广播电台，对应地球的潮汐、通过卫星数字通讯播放世界各地海滨及森林中的声音。我认为这是一件十分有趣的事情，至今仍然时常拿出CD播放，这已然是将这些声音作为音乐来欣赏的心境。在山林或是在街道散步的时候，我们会被各种各样的声音所包围。习以为常的声音有时候一瞬间会成为某种旋律的经历，大家都应该体验过。

音乐本身也是一种徘徊于“听”与“聆听”之间的事物。作曲家埃里克·萨蒂在演奏会中居然鼓励听众持续闲聊，约翰·凯奇的《4分33秒》真正是作为变换“听”与“聆听”的装置一般的音乐。武满徹也可以说是其中的一人。他说，如同将无限的时间加以连接一般，营造一个音乐的庭院。正所谓语言也是一种可以听的声音。被听的声音一直存在有受众，倾诉者在设定倾听者的前提下选择语言。

在《世界的调律》这本书中，我第一次与声景（Soundscape）这个语汇相遇。在其中我领会到了，声音可以分为“无所意图的既有事物”与“有所意图所形成的事物”，它们可以以各种各样的形式相互纠缠，进而形成声景这一全体像。不经意间走过的街巷各种声音混杂在一起，在另一头是经过精心构建的音乐。风景园林设计和声景设计与之一样，浮现在它们狭小的空间中。就像是武满徹所希望的那样，我也想以一半都融化在这个世界中的形式，在这个广阔的大千世界上营造一个没有壁垒的庭园。

默里·谢弗尔著，乌越Keiko等译，《世界的调律》，平凡社（1986）
武满徹著，《时间的园丁》，新潮社（1996）
鹫田清一著，《“聆听”的力量》，阪急Communications（1999）
克洛德·列维-斯特劳斯著，竹内信夫译，《看，听，读》，Misuzu书房（2005）

① St.GIGA：1990年11月首播，世界最初的卫星数字广播电台。

蜂神社

神话的世界就在近旁

神话不应该被认为是荒唐无稽，它记述着我们与这个世界的关系。正因为如此，所以各种不同文化背景下会产生具有类似性的神话。先暂且不谈学术性分析，神话学者约瑟夫・坎贝尔曾经说过，神话是宇宙无穷无尽的能量注入人类文化性现象时所产生的秘密通道。所以，神话世界的入口可以说在我们所看到的风景中无处不在。

巴厘岛某个寺院，在满月的这天，人们为了能够在神圣的泉水池中沐浴聚集而来。泉水是无穷无尽能量的象征，在现实中也是生命之源，亦是生存居住的起点。此外，方位以及方向也是宇宙能源与现实世界相联系中的重要因素。寺院等的伽蓝布局及空间构造与祭祀的关系，依据风水所形成的城市布局规划以及对于城市轴线的偏爱等等，在各种不同的文化背景中，神话世界对于城市及乡村的形成起到了至关重要的影响。

这样的力量有时候被表述为守护精灵（Genius Loci）、亦被称作场所精神。也就是说每个场所都拥有其固有的力量。神话世界在固有的风景中，正所谓是以那片土地的神灵的形式出现。能否加以科学性描述先放在一边，这应该说是实际存在的一种巨大的力量。设计应当巧妙地将这种力量提炼出来，真心期望设计所涉足的场所能够成为这个世界与每一个人相连接的秘密通道。在这种巨大的力量之上，存在着我们的日常。

约瑟夫・坎贝尔著，仓田真木、斋藤静代、关根光宏译，《千面英雄 上・下》，早川书房（2015）
克洛德・列维-斯特劳斯著，大桥保夫译，《神话与意味》，Misuzu书房（1996）
约瑟夫・坎贝尔、比尔・莫耶斯著，飞田茂雄译，《神话的力量》，早川书房（2010）

1. 紫波町蜂神社鸟居
2. 巴厘岛圣泉寺（Tirta Empul）沐浴场景

1
2

02 参与关联性

关联性说起来似乎很难，只要某个地方存在两个以上的事物，事物间就会产生关系，就会拥有意义。事物单独存在的时候是没有意义的，我们一定会不停在事物与事物、事物与自身，以及存在的场所等所产生的关系中去领会其中的意义。作为一个设计者介入并将新的事物置入存在大量关联性的风景中，会因为难以理解其中的意义而不知所措。

从某个友人处偶然得到关于箱庭疗法①的书籍，对于书的内容感受到了强烈的冲击。相比于治疗的意义，书中呈现了大量的照片与平淡的说明。把大砂箱和架子上随意堆积的一定数量的零件（玩偶及各类的模型）并排放在一起。每个顾客（患者）把那些零件重新组合出来的各个场景，每次都有一点点不同的变化。治疗过程中仅仅由于零件位置关系的改变，砂箱上的“场”本身的状态即发生巨大的变化，这一情况实在令人惊讶。

第一次由衷地感知到由各种关系所形成的“场”。风景园林设计，可以说是跳入这关系之海。我们所能做到的是在那里放入零件，也可能排除了一些零件，或者说不得不试着重组零件的布局。但是这种行为的初心必须与整体意象的改变相关联。反过来说，应当持有不断寻找由全体意象所引发的自身行动的态度。

河合隼雄著，《箱庭疗法入门》，诚信书房（1969）

河合隼雄、中村雄二郎著，《新・精装版 场所知识［箱庭疗法］的世界》，CCC媒体屋（2017）

1. 制作箱庭的材料（玩具）（摄影：中村英良）
2. 学校恐怖症・小学4年级男生（出处：《新・精装版 场所知识［箱庭疗法］的世界》）

① 箱庭疗法：在“沙箱中制作一个庭院”。作为一种心理临床技法，让来访者在有细沙的特殊纸箱子里随意摆放组合玩具来再现其多维的现实生活，使来访者的无意识整合到意识中，是一种从人的心理层面来促进人格变化的心理治疗方法。

部分与整体

尽管翻看物理学者维尔纳·海森堡的名著已经是很久以前的事了，其中的题目“部分和整体”却长久以来在脑海中挥之不去。在意的当然不是量子力学的部分，而是格式塔心理学[①]中所描述的“部分的总和与整体意象具有差异”的概念。即使和他所思考的层面不尽相同，也总感觉与他思索的根源有着不可言喻的联系。

海森堡关于“作为‘部分’的我是否能正确理解作为‘整体意象’的世界”的疑问，同样可以用来试问我现在所从事的工作：“作为‘部分’的我能否设计作为‘整体意象’的风景呢？”风景是由庞大数量的部件所组成的，家、道路、灯柱、农田、宣传栏、路边野草、往来的车辆等等，都是不胜枚举的部件组合。即便是家，亦可以分解到更小的部件。尚且，现在此处的风景也是整体意象其中之一的表情。

整体意象作为空间来操作的工具之一是“底”和“图”的概念。风景可以说是作为“底”的空间。不是作为明确对象的图，将所有的部件累积形成的整体意象、也就是说将作为“底”的空间作为设计对象会是怎样的呢？那就只有在想象整体意象的同时对于部件进行操作。风景园林设计的终点不应当是部件的设计，而是由此产生新事物、更甚者希望发生整体意象的改变。

韦尔纳·K·海森伯格著，山崎和夫译，《部分和整体》，Misuzu書房（1999）
沃尔夫冈·柯勒著，中田良久、上村保子译，《格式塔心理学入门》，东京大学出版会（1971）

停车场、街道、夕阳

① 格式塔心理学：又叫完形心理学，是西方现代心理学的主要学派之一。该学派主张研究直接经验（即意识）和行为，强调经验和行为的整体性，认为整体不等于并且大于部分之和，主张以整体的动力结构观来研究心理现象。

所谓布局

各自独立的物体之间的关系，在空间上可以通过布局来表现。人与人、人与物、自身与他者、物与物，实际上风景是通过配置与布局所产生的、并且时刻变化着的。英文中有“disposition”、“layout”也能基本表达该含义。精神科医生，同时也是作家的中井久夫的著作中使用了“constellation”一词，虽然这本是星座的意思。尽管如此，书中以“布局”为目标，将家族与医师自身的关系精彩记录下来。总之，作为独立单位的事物聚集起来的时候，即指明了有意义的整体意象的解决方向。

从设计的角度来考虑布局的时候，箱庭疗法确实为我们讲述了通过布局所能形成的各种各样的关系。面对现实世界，我们在彼此的世界中寻求信息，在四处活动着的存在中，将布局的关联作为可供性（Affordance）这一概念来加以理解。此外，在我们是有感情、有意志的生物这一点上，个人空间（Personal-space）与领域（Territory）之类的概念也是有效的。行为的布局，这样的考虑方式也是存在的。

考虑布局是风景园林设计中至关重要的一环，可以从部分直通全体。我们通过考虑布局这一方式，从触摸部分乃至对于风景整体意象的改变成为可能。我们所能提案的可能仅仅是九牛一毛，但根据情况投入一颗“石子”就有可能使整体意象因此发生翻天覆地的变化。从布局的角度来看，个别行为意象可以传达至整体意象。

天内大树等著，《配置部署的世界》，现代企划室（2008）
詹姆斯·吉布森著，古崎敬等译，《生态学视觉论》，科学社（1986）
佐佐木正人著，《布局的法则》，春秋社（2003）
罗伯特·萨默著，穐山贞登译，《人类空间》，鹿岛出版社（1972）
中井久夫著，《家族的深渊》，Misuzu书房（1995）
凯文·林奇著，丹下健三、富田玲子译，《城市意象》，岩波书店（2007）

独立与依存

风景的构成要素皆自我独立。自然存在的事物也好、人工由来的事物也好，都是独立存在的。换言之，作为自身以“图”为名一直存在着。生物存在当然拥有主体性，使个体与周边环境区别开来。即使从这一角度考虑，自立到底是怎样一种情况呢？只是持有固有的名称、不依赖其他的事物，对于个体来说是一种完美的存在吗？

世界是一张关联性所组成的编织网，这样的存在显而是不可能的。反而因为其独立性，依存才显得更为重要。在紧急关头可依赖的对象或者依赖的手段更多的话，反而个人的独立性才会显现得很高。作为部分的存在与作为部件的存在其实是截然不同的。换句话来说，所谓的独立性就是与周边环境形成良好的关系。

在风景中置入一些新的形态，意味着必须与之前的种种存在发生新的关系。无法依存的新形态，可以说是无法从既存事物借力。这样的话，新形态不仅连微弱的力量也发挥不了，有时候反而不如之前的状态。又比方说我在设计中提案若干个具有自立性的新形态，如果这些新形态之间不能产生关系的话，那它们就更不会与既存环境产生新的关系。“设计中的要素间是否相互依存”，是我在设计中认为非常重要的一点。我也认为这是设计师应当自省的一个问题。

真木悠介著，《自我的起源》，岩波书店（2008）

关联造就形态

京都的东福寺有数个由造园家重森三玲亲手设计的著名禅庭。其中之一是由青苔和石材组成的简单横格纹样的庭院，但这个纹样在持续变换。青苔作为抱有自身意志的独立个体，在条件适宜的情况下它就逐渐向石材的部分延伸它的势力，貌似可能将石材吞没而发展成为一个绿色的平面。

造园师的存在正是为了阻止这样的发展。造园师作为另类的个体，一方面掌控了庭院，另一方面调节与青苔之间的微妙关系。造园师对于庭院来说是必要的，换句话来说造园师被这个庭院囚禁着。庭院建于明治时代，已经有难以数计的庭院师参与到青苔和石材的竞争关系中。这样一个小小的庭院，可以看作地球上所展开的所有风景的生成与变化的缩影。在东山的风土中生长着的青苔、石材与历代的造园师。围绕着这些关系逐渐形成了新的形态，形成了今天的横格纹样。

平时在我们所生活的世界中每日所看到的风景其实是大同小异的。庞大的他者们介于其间，各种各样的特质与念想相互间复杂纠缠，所形成的具有关联性的网即是风景。这也成为城市的、乡村的、边疆的风景，形成了北国的、南岛的、沙漠风景的表情。其中，设计师与造园师也只是其中的一部分，他们只不过是自发跃入关联性大海中的一类而已。跃入大海，在其中遨游的轨迹成为形成新的风景的契机。虽然在预测的前提下对于即将产生的形态会形成规划，但是也必须具有这样的规划终究也将会被关联性的大海所吞没的觉悟。

今西锦司著，《主体性的进化论》，中央公论新社（1980）
叶利希·杨茨著，芹泽高志、内田美惠译，《自组织化宇宙》，工作舍（1986）
原广司著，《世界聚落的教示100》，彰国社（1998）
宫本常一著，《来自天空的民俗学》，岩波书店（2001）
藏本由纪著，《新自然学》，筑摩书房（2016）

京都·东福寺的横格纹庭院（夏天与冬天）

管理与维护

在这里暂且将植物作为对象来考虑管理与维护。这两个词的语境有所不同，但实际上十分相似，都能感受到对于对象的控制意志。公园的管理维护无非是除草、伐木一类的工作，但是对于需要精细打点的庭院来说，我们就不能简单地用管理一词了。一方面可以用某种机械性的力量来加以对待，另一方面可以像宠物一样作为伙伴来加以对待。

所进行的行为即使是相同的，但是对于行为行使对象的态度是不尽相同的。我们在工作中究竟又有几分这样的自省。重要的花草令人怜爱、爱惜，另一方面则是不希望生长的杂草而将其毫无慈悲地完全拔掉。对待公园的树木和行道树以及对待重要的庭院植物来说，我们是掌控生杀大权者。我们为了满足自身的欲望，对于环境行使控制的力量。但是对于作为他者的植物没有足够的爱意以及知识的话，其结局就是我们不能够得到我们想要得到的环境。

打算与植物等他者共处同一世界的话，虽然是管理，同时也必须要理解对方。即便是在怀有爱意的前提下进行维护，也必须对于在何处对他们使用怎样的力量应该要有所自省。必须要注意的是，对象不仅仅局限于植物。人类对于风景构成要素的他者们，无时无刻会在控制欲的作用下行使各种力量。究竟是管理者的期望、亦或是造园师的期望也罢，这种控制的欲念无论在何处都会产生。在控制的尽头究竟能否发现新的关联性？风景园林设计不得不从这样的自问开始。

赫尔曼·黑塞、福克·米歇尔斯编，冈田朝雄译，《庭院工作的愉悦》，草思社（1996）

对于不可控事物的憧憬

如果说建筑的原型是隐蔽所的话，庭园即是风景的原型。与巨大不可控制的外部世界相对，我们可以围合小小的庭院，在其中可以成为支配者。我们可以确保安全的居住空间，打理成为自己所期望的生活环境。工业社会进步的结果使得我们手中的工具不断得以进化，如今甚至可以平整山体、截断河流，即便是纳米层面的物质也可触摸感受。就好像我们现在将地球也作为庭院去打理。

在意识到自身的力量变得非常强大这一事实的瞬间，反而会萌发不可思议的情感。18、19世纪的英国，在“如画式”艺术运动中产生了崇高（Sublime）这一思考方式。也就是对于不可控事物的憧憬，甚至对于自身的渺小所产生喜悦。这样的感情在我们中产生的最初预兆可以说是崇高一词。仅仅是好看是不能解决的，萌发了对世界事物的兴趣。形成既不是恐惧也不是喜悦的混合情感。

这之后也成为登山、探险的源流，对大自然的憧憬与征服欲不可思议般同时存在。现如今，约塞米蒂国家公园成为保护和休闲的对象。像这样的人类之前难以接近、与我们日常生活相隔甚远的地方，被称作世界秘境的场所如今都成了观光地。但是如果那里的一切都被控制了的话，我们应该也不会去那里了吧。能控制的事、不应该控制的事、原本就控制不了的事。控制这一思考方式对于设计来说具有重要意义。每次大型自然灾害发生时都会受到严重打击的我们，事后可能又都会忘却此事。

尼吉劳斯·佩夫斯纳著，铃木博之、铃木杜几子译，
《美术·建筑·设计的研究Ⅰ·Ⅱ》，鹿岛出版会（1980）

犹他州峡谷点（Canyon Point）的荒野中出现的雨柱

理应存在般的存在

只要是有机会，我总是会和别人说不太喜欢“对地球和善”这个口号。怎么说也应该是地球对人类和善吧。对于地球来说人类不存在完全没有关系，甚至可以说没有人类的话，地球可能反而会更好。我觉得人类以上帝视角对于地球的此类话语还是不说比较好。还有一个就是我们平日里对于“自然”这个词语的使用是否过于泛滥。不仅仅是英语中的“nature”，应当是所谓的自然而然，也就是理应存在般的存在。包含我们自身在内的各种事物与对象间维持安定且可持续的关系也可以称作为自然。

生态学是以此为目的的科学，是一种将失去平衡的现状恢复到原本应有的状态的技术手段。换言之，人类生存的学问体系不正是生态学的本质吗？特别是近代以后，我们将自太古所连续下来的生态系统以可能的技术手段对其加以破坏，在这里技术进步也有其负面。面对未来，我们必须寻找为了生存下去所需要的新的自然，也就是说必须要寻找理应存在般的存在。为了实现这一目的，还是需要依托技术手段的进步以及重审技术手段的初衷。

风景园林设计通过特定的场所，实现与共有环境的他者的相遇。因此，从微小的生物到地球规模大小的活动，应当尽可能地去摸索如何形成可以与他者保持持续交往的场所。当然对于人类的生活场所，理应顾及与经济、政治及社会的关系。在设计的推进过程中出现抉择的时候，应当时常考虑“这个判断是否合理”、经济性以及社会性是否合理、工程项目的要求是否违背长期合理性等等，同时应当自问所形成的场所究竟是否具有存在的价值？虽然不会有明确的回复，但是这些都是必须要考虑的。

河合隼雄著，《明慧 活在梦想中》，讲谈社（1995）

魏克斯库尔、克里萨特著，日高敏隆、野田保之译，《生物眼中的世界》，思索社（1973）

戴维·乔治·哈斯凯尔著，三木直子译，《微观森林》，筑地书馆（2013）

安德烈娅·武尔夫著，锻原多惠子译，《洪堡的冒险》，NHK出版（2017）

1. 一千万人生活着的都市·东京
2. 北上山地的森林木栈道

03 设置场所

场所，是指世界上具有“这里”的心理感受的特定位置，并且其拥有区别于其他空间的特异性。古时，有泉水、瀑布以及磐座[①]、御岳[②]等被选为圣地的场所，也有为了取得安全的水源所出现的人类聚落之场所。是人类生存的据点和认识这个世界的根据。也有更私人化的场所。如果回首，我们人生中各种各样的回忆不都扎根于这些行为所发生的场所之上吗。虽说哪里都可以成为场所，但关键之处在于我们自身能不能在那里与世界发生交流。

我们为了在世界上生存，是必须有这个所谓场所的感知。更深一层，可以通过场所与世界连通。比如祖国、故乡，或者自己生活的街角都可以称之为场所。就如人文地理学家段义孚所言，人们在无意识中对场所有着深深的爱恋，使得围绕着场所产生了固有的风景和强烈的情感关系。场所总是裹挟着这些情感的风景。因此，风景便不单单是背景，而是场所的脉络。

当然场所也不仅限于故乡、住地等，可以与某件事、与某个人联系起来的风景，都可以成为场所。当这种感知很强烈时，我们便可以将锚深扎于世界这片海洋。设计师并不是设计场所本身，也并不能设计场所，而只能为产生场所准备契机。如果为更多的人所接受，那便产生了和这些人相关联的场所。

段义孚著、山本浩译，《空间与地方》，筑摩书房（1993）

那徐郡·旧马头町的稻田

① 磐座：日本神话中有神附着的岩石。
② 御岳：琉球神话中神存在的地方。

观察世界的窗口

如果我们日常走过的道路旁突然出现一片空地。请问，这里以前建着一个什么呢？是否本应是每天都映入眼帘的东西却意外地无法想起呢？樱花也是如此，每当花季到来，大家都很兴奋，可剩下的360天大部分人都不会去关心它们是什么样子。世界由太多的元素构成，以至于风景随时在改变。事实上，我们感知着身边的风景却又对其视而不见。当代社会有太多引人注目的媒介，使我们更加远离现实世界。比如超现实主义的作家们更加注重将现实作为根基。

当然我们看不到百分之百的世界，仅仅是尝试也会让你的思维凝固。即便如此，我也认为，正确地看待这个世界并且想象它的全貌，是对现代社会有着重要意义的。如果没有这样的视角，那么诸如全球化、城市竞争，甚至于生态、群落都无从谈起。

土地有着它本身的力量，比如地灵（genius loci）这类自古至今流传的词汇的表现。为了借助土地的力量来理解世界，许多艺术家和设计师都一直在进行着探索。这些场所都成为再一次观察世界的窗口。我们感知世界，首先要拥有可以沉静下来感知周围的场所，随之由在这些场所才能感知到的体验所升华。怎样细微的场所都无所谓，只要能从这里打开窗口来感知到宏大的世界。这便使之成为景观设计的一端。

严谷国士著，《何为超现实主义》，筑摩书房（2002）

三浦半岛・小纲代森林的木栈道

庭院

世界上最早出现的场所大概就是作为乐园的庭院了吧。虽然也是人类生存的必要场所，但与避难所之类的那些场所不同，它是能够保障安全之上的世界一隅。相对于避难所是把其从世界上完全割裂出来的一隅不同，谈到乐园是可以浮于世界之中的一片岛屿。把不愉快、危险这些感触全部排除在外的同时，乐园之中的构造其实和它之外的世界没有什么不同。

由此至今，庭院成为乐园的最后一代。那里是我们居住的场所，我认为其也是景观设计的基底。他的对象超越那些围绕着庭院的墙壁、栅栏，一直延续到它外部宏大的空间。现今的城市和乡村这类我们所生活的场所也可以称为是一个庭院，甚至我们曾经视为恐怖的对象的森林、国立公园都可以把其视为一种庭院。最终把地球也作为一个庭院的视角也不是不可行。

很完整地认识到这样大的庭院应该是件很难的事情，但是，自己正在着手修整的这个小小的庭院，实际上可以想象成延续到更大的庭院去。庭院可以视为是能够得到的自然，在这之中有各种各样的因素在相互交流。人类把植物按照自己的意识来管理，而植物又按照自己的生长规律在生长。吉勒·克莱蒙所谓的“活动的庭院”便是在其中间寻求一种新的定义。我们不得不从这种现在进行时的、更大的、更复杂的世界中探寻一种新的格局。他的庭院就是持续变动的世界的隐喻，更是其缩略图。

川崎寿彦著，《乐园与庭园》，中央公论社（1984）
吉尔·克莱芒著、山内朋树译，《动态的庭园》，Misuzu书房（2015）
雅克、贝诺伊斯·梅钦著，河野鹤代、横山正译，《庭园的世界史》，讲谈社（1998）

京都·相乐郡和束町的茶田

作为心理感知场所的庭院

有一种庭院，没有特意被谁造出来，也没有被谁所寻找出来。庭院不仅仅是简单的物质层面的场所，也应该是与我们自身有着特殊意义的场所。它也可以是世界上有着某种特异性的，与我们心理感知密切相关的场所。甚至在持续活动的世界之中，有着能够感知到世界的特异性的瞬间。在这个任何场所都可以作为心理据点的时代，庭院已经不需要物质墙壁，而这种作为心理感知的庭院越来越多。

山川、海洋、瀑布、森林、泉水，这些被赋予特殊意义名称的风景的各种要素，虽说本不是我们所居住的场所，但也是与我们息息相关的世界的一部分。话说回来，我总是会想，日本人的名字真的很应景呢。在这些风景之中，特别显著的多为那些远古时代起便有着宗教特异性的，近代以后转为追求宏伟体验活动的对象的场所。如此风景的一部分被更加具体地发掘，作为我们庭院的一部分，渗透到我们的生活之中。

此外，还存在一种转瞬之间浮现的庭院。闪电在神话世界中多为表现神的压倒性的力量。“闪电场”是艺术家沃尔特·德·玛利亚的知名作品，它营造了在荒野中突然出现闪电的庭院。作品由400根不锈钢金属杆组成，分布面积达数千平方公里，这些不锈钢金属杆成为营造这个庭院的媒介。鉴赏者通过漫长的等待而得到雷电的一瞬间，在这整个过程中时刻变化着的荒野的风景中，体验到神话中的庭院。事实上，庭院中许许多多自然现象一直围绕在我们身边，比如雨和彩虹、夕阳、落叶这些，细微但却能让我们的心情起伏。是否可以设置一些媒介，让这些感触作为场所固定下来呢？把这些转瞬之间转化成为我们观察世界的窗口。

约翰·比尔兹利著，三谷彻译，《地景的地平线》，鹿岛出版会（1993）
加斯东·巴什拉著，岩村行雄译，《空间的诗学》，筑摩书房（2002）

彩虹的足迹

群落

如果很粗略地说，我认为群落就是群体的单位。对产生出家庭单位的人类而言，可以同时隶属于村落、城市、国家以及学校、公司、兴趣等等各种各样意义的群落。正如广井良典所定义的，我们都是由个人和团体之间层层叠叠的集体所构成的。一个群体同时有着内部的关联和外部的关联，并且每个人都存在于不同的群体。

这样考虑的话，当今社会中我们有着怎么样复杂的群体活动啊!人的活动更加具有流动性，越来越多的人，生活围绕着两个据点甚至于多个据点。网络上也产生着各种各样的联系，不需要物质接触也可以成立各种各样的群落。但是往深层次考虑，我们其实并没有切身感受到自己属于某些群体，比如国家。群落（群体）的形式总是在发展变化，事实上我们的感知一直都很难能够赶得上它的变化。

这时就需要场所了，场所的感知是这个世界上我们可以感受得到的、在风景中出现的。当群落产生之时，便有了可以共有的场所，这些场所有着群体共通的风景。不同类型的群落有着不同类型的场所，当今这些场所内部和外部的联系流动的很快，又有多少实体的场所在被群体所需要呢？旅行者又是一个群落的一员了。

広井良典著,《社区再考》，筑摩书房（2009）
山崎亮著,《社区设计》，学芸出版社（2011）
山崎亮、长谷川浩己编著,《设计与否》，学芸出版社（2012）

震灾后重启的陆前高田市今泉地区的争斗七夕活动

场地活动

活动也分场地化和图形化。我们与环境之间产生的位置的获取方法、行为的内容，这些实际上是多种多样的，在我们日常的文字中充满了无数的活动。根本而言我们的活动包括走路、坐、吃、睡、说话等单纯的行为，更包括从之呈现出的复杂的行为。住宅、办公楼、图书馆、医院、车道、步道、停车场等等，我们生存的现实世界被整理为各种各样越来越细分化的功能性空间。

社会的复杂化催生出越来越多特定的场所（设施），由此分割出越来越特定化的、个别化的行为。图形化的活动，也许可以定义为社会性的人格所反映出的因社会属性而采取的个人行为。这些虽然也是必要的，但仅仅通过图形化的活动并不足以串联起我们整个生活。当今建筑界也好土木界也好，对这种偏离掉的细分化、特定化已经有所修正。缘由应该来自：如果没有场地的活动这个润滑油，便不能成立特定的行为这种思潮。

场地的活动，本来便是景观设计的对象空间，它在流动的暧昧不清的空间中尤为显著。始于图形的解构，还是场地中图形化行为的浮现，这类渐层式的丰富性才是生活中原本场所的特性。比如简单的“坐”这个行为在场地中的活动就可以有着数百种变化，更不必说再融合进食、说话、眺望等各种各样的行为活动。

伯纳德·鲁道夫斯基著，平良敬一、冈野一宇 译，《以人为本的街道》，鹿岛出版会（1973）
扬·盖尔著，北原理雄译，《人性化的城市》，鹿岛出版会（2014）
芦原义信著，《街道的美学》，岩波书店（1979）

“坐”这个活动的各种各样的变化

存在于个人的场所

这里所说的一个人也可以存在的场所并非仅指房间里，而是指更开放的公共空间中一个人的存在。换言之，在这个包裹着场所的风景中，个人的存在。这是怎样一种奢侈的体验呀！在风景中存在，实际上是和世界上庞大的他人所共有存在的。他（她）在这个场所中所能感知到的世界，应是与孤独这种感受无缘的。

在接触过各种各样的工作后，人会产生“繁华的创造”这样的想法，这种想法通常是很复杂的。置于繁华之前，首先要认识到一个人的存在并不是负面的场所。我认为认真的思考这点是很重要的。勉强的制造繁华其实更像戒不掉的毒品，更要看到一个人存在并不是可怜的、孤独的。个人拥有着他独享的风景，才是让人羡慕不已的。如果要创造使人聚集起来的场所，我认为这点才是基本要素。繁华并非单纯取决于人数。

虽然如此，喜好一个人独居和放逐式的一个人存在，是有很大区别的。为使在公共场所人们不被孤立，只做形态上的设计是远远不够的。即使如此，还是存在着许多上述基本要素都未成立的场所，通过景观设计可以改观的更是无数。好的场所不需要通过召集，就可以让人自然而然的聚集。随之，人们通过聚集产生了群落和城市。人们得以从这些场所开始，继续探索不同的旅行。

巴黎雪铁龙公园

04 风景即公共空间

只要在作为“底”空间的风景中移动，首先应该不会出现碰壁不前的情况。“底”空间作为基础承载着整个世界，原则上我们可以去到任何想去的地方。但事情并非那么简单，不断流动变化的图底关系是其中一个原因，而另一方面则是因为世界上遍布着无数看不见的领域。

都说国境是无形的线，但越过国境需要特殊的资格和许可，有时还会建造巨型的墙壁来强调国境，这是最简单明了的领域。在我们日常居住的世界里，也同样存在着无数很少被注意到的微小领域。例如，踏进神社的鸟居①（类似中国的牌楼），人们的行为将与在鸟居之外有所不同。公园和道路由专人负责管理维护，修复与整体不相符的景观。便利店虽然没有明显的领域感，但是高档精品店往往会使人在无形中感到紧张，穿短裤在豪华酒店大堂等人也确实需要一定勇气。

“底”空间即是一种公共空间，但这并不意味着公共空间（开放的空间）是任何人都可以随意去到的地方。在公共和私人、开放和封闭之间，存在着从神话、政治到经济、管理等等无数的过渡层次。从人类的身体能力角度出发，这关系到无障碍设计或者通用设计问题。从设计师的角度出发，正是项目对象地和存在于场地内外的各种领域造就了场所个性。领域之间各不相同却又相互联系，叠加形成的世界赋予人们丰富的空间体验。

北九州市小仓地区长崎街道的封道符

---

① 鸟居：类似牌坊的日本神社附属建筑，代表神域的入口，用于区分神栖息的神域和人类居住的世俗界。

1
2

作为公共空间的地表空间

似乎有些难以想象拥有风景这一想法，因为一直以来风景理所当然地展现在我们眼前，没有任何间隙。经常可以看到宇航员说“从宇宙看到的地球没有任何国境”（我也希望有一天能看到这样的风景），风景超出私有的范畴浑然一体，形成承载世界的共同基础。那么，我们是否可以认为风景即是公共空间呢？

从格式塔心理学的图与底的概念来看，风景属于底的领域。但这并不是白纸上有个黑点这么简单的图示，而是通过无数的图拼贴在一起，构成了风景这一作为“底”空间的公共空间。这里的公共空间更接近于哲学家尤尔根·哈贝马斯提出的理想典型“公共领域”，不同于基于人们共识形成的空间，是一种更原始的、依靠身体感觉的“底”空间，公共空间则是作为这种“底”空间的存在。

“底”空间是我们存在的基础，是自己与他人、与世界联系的重要前提，它不属于任何人也不归属于任何地方。本来对于候鸟来说就不存在国境或是任何私有地边界，只是我们被分割化的世界观所影响。因此需要下意识地认识到“底”空间没有任何归属的问题。随着对作为“底”空间的公共空间认识上的改变，我们对于共有的理解也会有所不同，私有和共有的区别也许就像是在“底”空间的纸上做出不同画作。

尤尔根·哈贝马斯著，细谷贞雄、山田正行译，《公开活动的结构变化》，未来社（1994）

简·雅各布斯著，山形浩生译，《美国大城市的死与生》，鹿岛出版会（2010）

1. 不丹的农村
2. 从空中俯瞰东京

官方、共有、开放

让我们重新思考什么是公共（Public）。将公园、广场这些大家共用的场所称为公共场所，应该没有任何人会反对吧。然而，公园作为属于大家的场所，其所有权、管理维护和使用规章却由自治体代表公众进行。那么原本“大家”所指的范畴是什么呢？除了作为“底”空间的公共空间以外，由人类群居社会复杂的关系网衍生而成的“公共”，其概念仍是模糊的。

政治学家齐藤纯一对于“公共性”一词的解说，帮我们进一步理解公共的含义。日语的公共性包括三层含义：与国家相关的公共“官方”（Official），与人们共通认知和行为相关的公共“共有”（Common），以及意味着面向任何人的公共“开放”（Open）。“底”空间的公共性，或许更接近开放（Open）的含义。

风景园林设计领域的“底”空间，从存在的角度来看其本质上是开放的。然而，现实中存在着各种所有者和管理者，对于“大家”范畴的界定不尽相同，也很容易相互混淆。然而，如果我们改变视角，将会发现公共的存在并非单一的均质空间，而是具有吸引力且富有变化的空间。每个空间展现出的公共性的风貌，则与其所在场所的特征密不可分。

齐藤纯一著，《公共性》，岩波书店（2000）

邀请与被邀请

我们是从什么时候开始产生拥有土地的想法呢？可能是农业文明的开始之际。除了土地以外，拥有财产的概念已经渗透到现代社会的每一个角落。如果现在我们要否认这一概念，甚至可能导致国家观念的崩坏。但是，由于眼前的风景不可能被拥有，并且它面向所有人开放，所以划分并拥有土地的想法原本也很难被广泛接受。土地是社会的共同资本，毋庸置疑是形成"底"空间的基础。

而解决无法拥有风景这一课题的方案之一就是共有，所有与共有并存。团体的力量大于个人，由团体担负共同责任，与团体相关的所有个人都成为受益人。而另一个可以想到的则是赠与关系或者交换关系。虽然文化人类学家马塞尔·莫尔斯提到了各种案例，但除了物品以外，我们是否可以考虑通过"邀请—被邀请"行为表现场所的赠与关系？在明确所有权的基础上，人们就可以互相邀请、互相访问。

这是关于公共空间的话题，如前文所说的那样，土地本身是没有分界的。不是只有公园、道路这些公有空间才是属于大家的空间，私有地也可以通过互相邀请和互相访问，来丰富、扩展公共空间。高密度的城市空间中引入的开放空间，实际上正应该是这样的存在，而不应被所有者独占。特别是在市中心区域，人们通过开放彼此的私有土地，能够极大程度上丰富公共空间的多样性，这也是领域的过渡之一。当然，在这些空间里需要客人做出相应的回应，不过只需邀请那些理解的人即可，因为无论想做什么都可以的公共空间从一开始就是不存在的。

马塞尔·莫斯著，吉田祯吾、江川纯一译，《礼物》，筑摩书房（2009）

场所的共有

本来我们是不会在特定的场所只进行某项特定行为的，例如读书、工作、聊天、用餐，我们经常会同时进行多种行为。在陪孩子玩的同时读书，在聊天的同时一起学习，天气好的时候就到公园里吃午饭。“底”空间或者说公共空间，承载了“……的同时”这一模糊的情境。

公共空间是开放的，任何人都可以进去使用。当然，因为这不是属于某个人的场所，所以在公共空间里的行为需要具备一定的公众意识。人们知道这种公众意识的存在（作为默认共识）并聚集在那里，有时沉浸在个人爱好中，有时一起参加活动。这时，公共空间就变成了工具，一种产生事件、唤起彼此共鸣的工具。城市中“人带动人”的现象经常出现，如果说城市构造是聚集行为的根源，那么共有某个场所的行为则是深深植根于我们自己的普遍行为。

在此有一件重要的事情需要提及，世界由个人与他人的关联性交织而成，而风景园林设计的领域也在此之上展开。因此，共有不仅仅是人与人之间、人的居住环境与自然之间的关系也是需要面对的重要课题。如果将共有一词换成共存，那么设计的主旨又将有所不同。德国埃姆歇景观公园的规划中所提倡的“工业・自然”可能就是共存态度的一种表现。从个人空间和领域概念等社会心理学问题扩展到生态学研究，对于场所的认知需要日益扩大、不断更新。

爱德华・霍尔著，日高敏隆、佐藤信行译，《隐藏的维度》，Misuzu书房（1970）
永松荣著，《IBA埃姆歇公园的地域再生》，水曜社（2006）
今西锦司著，《进化论》，讲谈社（1976）

伦敦泰晤士河水闸公园的树荫

遇见场所

“底”空间是移动时使用的空间，同时相比于被赋予特定功能的封闭的“图”空间，“底”空间能够提供庞大、模糊且流动的活动空间。我们在其中环行移动、体验世界。回顾我们的日常行为，不仅是移动的时间，其实我们平时在“底”空间度过的时间也许更长。然而，如果说在封闭空间中度过的时间很长，那么就意味着体验世界的机会变少，这对于我们存在于这个世界是一种浪费。

好吧，我们也不是非要经常在“底”空间中走动不可。“底”空间里有无数栖木一样的地方，我们可以随心所欲地停留或长或短的一段时间。或者说“底”空间中的场所就像是在海里游泳时突然遇到的冷水域，一见之下是连续的整体空间，但实际上各个地方相互之间平缓连接。

那个广场可能是某个人非常喜欢的地方，每次都会到那里。但只要它是开放的，那么它也同时会成为很多人碰巧路过的地方。从这种意义上来说，风景园林设计不同于烹饪和时尚，因为需要考虑从移动空间到栖木等等各种设计对象，而这些设计对象的区别本身就是模棱两可的。然而参与风景的设计，意味着人们即使不刻意计划仍然可能遇见它。不喜欢的衬衫不买就可以了，但是风景却不能那样，这是我们必须牢记的事情。

老挝琅勃拉邦湄公河流域的台阶

DK4839KR

风景即资产

风景是每天生活的世界本身，是支撑我们生存的最重要的基础。过去，我们也曾经存在于某种风景之中，但很少有人刻意关注这一点。到了现代，我们能够多次跳出熟悉的风景，因此才能更客观地观察它，并发现风景的价值。即使不用说也知道，我们见过的风景如星星一样数不胜数。

而且一直以来我们似乎只模仿了风景的表象。过去人们通过有限的材料、技术和信息，建造了风土（土著的）景观。很多地方成为世界遗产和著名的观光景点，吸引大量游人蜂拥而至，但是现在的状况又如何呢？讽刺的是，这些行为导致我们在真正了解风景之前就将其摧毁了。除了旅游景点，我们又是否对居住生活的城镇风景感到自豪呢？便利的材料和方便廉价的技术的使用是否正在逐渐降低风景的价值？而我们又是否已经明确意识到这些风景也蕴含着宝贵的价值呢？

经济学家宇沢弘文意识到，除了城市水网、电力、公共交通等社会基础设施，教育和医疗体系，土地、空气、水、森林等自然资源，以及乡村、里山[①]等也是重要的社会共同资本，是维持社会可持续且稳定发展的必要组成部分。这样想的话，风景也应当算作社会共同资本之一。虽然与其他资本相比，哪些风景是应当被共有的，其价值体现在何处等等，仍有许多难以理解的部分。下个时代的风景是什么？所有与风景相关的尝试都是在试图探寻这个问题的答案。现在（实际上从很久以前开始）风景正处于经济循环之中。

宇沢弘文著，《社会的共通资本》，岩波书店（2000）
佐藤仁著，《“无所持国家”的资源论》，东京大学出版会（2011）

巴厘岛的棕榈景观道

① 里山：距离村屯很近的、村庄附近的山林地，村落森林、乡村森林。村里的人会经常到山林中采集山野菜、药材、砍柴等，这类山林通常与人的日常生产生活有紧密联系。

橋本組

空地的力量

如果将城市中没有建设房屋和设施的场所作为开放空间，将会发现这些空间像水一样渗透包围着城市。开放空间可以大致分为“不经意形成的空间=空地”和“规划空间”两种，但实际上空间则更像是存在于两极之间的渐变，而不是严格清楚地分成这两类。

空地是一种非常有吸引力的存在，是不经意间形成的没有被赋予任何意义的空间，可以演变成各种可能性的生产容器。空地是临时且模糊的空间，因为是空白的，所以很容易添色出彩；因为没有任何功能的限制，所以更容易演绎出各种形态。在这种不经意形成的空间中，空地发挥其独特的力量，展现出规划空间所不具有的神秘魅力。同时，规划的空间也有可能变成空地，例如抬神轿[①]通过封闭道路的时候，道路暂停其作为规划空间的功能，并作为空地发挥着作用。

我们是否也可以这样说，正因为规划空间的存在，空地才能展现其与之相反的魅力。原本，公园、广场等命名并不是针对其功能的，这些空间也可以像空地一样被解读成某种容器，但其并不是空白的。无论如何细致规划过的开放空间都仍然拥有空地的特质，也兼具通过规划设计塑造的魅力。设计师必须设计两极之间的过渡，既不忘记空地的特质，又要不断思考如何通过规划设计创造只有在那个场地才能获得的体验，风景园林设计是为了让世界更丰富、体验更多变而存在的。

节日庆典上作为候场空间的停车场

① 神轿：日本祭祀活动的时候，数人一起抬的轿子，上面供有神的牌位。

风景即自身

风景与我们无法忘怀的故乡、生活居住的街区密切相关，这是我们存在的根本。并且，风景还可以作为人们花费时间和金钱特意前往参观的旅游资源。显然，风景具有重要的资产价值。但风景为何成为存在的根本，并唤起人们前去的冲动呢？这是因为风景是场所所有复杂关联性的整体统筹，我们每个人都不可避免地被卷入关联性的漩涡之中，因为风景也是我们自身。

然而，到底是否存在正确的风景或者良好的风景呢？就如同无法想象正确的自己或是良好的自己，也许这种风景的理想形式也并不存在。不过，是否可以通过更为持续和稳定的关系塑造更具吸引力的风景，这一假设也许是成立的。我们生活的可持续性和稳定性应该与风景的吸引力是相关联的，里山就是一种典型模式。世界各地存在着各种里山，这些里山拥有不同的表现和系统，直至今日仍然吸引了很多人前去。

形成这种关联的基础就是生态系统。如果将风景想象成身体，那么身体健康是保持可持续和稳定的重要因素。生活、文化、政治、经济都依托于生态系统，从这个层面来看，与其说风景处于经济循环之中，或许说风景中包含着经济才更为恰当。在人类干预自然尚为微弱的时代，里山的生态系统明显更容易形成，因为它最容易实现。而能够明确的是，人类现在的力量也是生态系统的一部分，我们自己掌握着健康的关键。这就是为什么必须有意识地将风景视为共同财产，一起发现城市与非城市风景的未来新模式。

西村佳哲著，《人居场所营建》，筑摩书房（2013）
石川幹子著，《城市与绿地》，岩波书店（2001）

从思考到设计

至此从“思考”这个侧面对风景做了考察，接下来想再从“设计”这个侧面观察一下风景。连绵不断的风景对于我们大家来说是共通的基底、也就是基础构造，是我们生活的基底，是在认识这个世界的基础上给予我们自身所处位置的根源所在。理所当然一般的存在，可以说是一切存在的底色。风景，一直在那里存在着。无论我们想做什么或是不想做什么，风景都在那里存在着。在变化的同时持续运动着的风景，也是众多的他者们（我们所无法完全操控的各种各样的力量）错综复杂、互相干涉的现实场所。

这些对于风景园林设计来说都是具有决定意义的特征。所以，我想我们对于风景的态度不应该是创造、构筑一类的，应该是参与或者是改变容颜一类的。可以从基底、他者或参与一类的词汇联想到，风景确实作为公共空间而存在。庭园、度假区、商业设施、大学校园、街头巷尾或者是广场与公园，甚至城市都是设计的对象，只不过在那里有的只是公共性的渐变，存在着可视、不可视的各种阈[①]而已。和以个人与社会关系为立足点的近代以来的公共性这个概念在意向上有所不同，的确这也提供了另一种观察风景的可能性。

风景园林设计有时候会令人感到不可捉摸。我认为单纯来讲的话，风景园林设计是“为了将我们以及我们的生活与风景这个巨大的基底相连接的设计”，或者是“摸索与构成风景的庞大的他者之间的关系的设计”。在这样的文脉中，社区的问题、生态的问题、各种各样的城市问题，以及我们未来将居住在哪里的问题，将在一个个的实践项目背后作为对象浮现出来。这些亦是建筑以及土木领域所存在的问题，也是政治、经济与社会的问题。将这些问题加以相互联结，寻找适合场所的形式或者是形态，这是我的小小心愿。

另外一点，也可以说是风景园林设计最大的特征，那就是对象或者是设计这种行为的暧昧性。虽然说大多数实践项目的场地是预设的，但是事实上包含场地的整个区域全体皆为对象。铺一条路、种一棵树，都是在做设计，竣工后这些又都融入到了原有的关系之中。就好像是自很早以前就有的事物一般。最近总算是被问得少了，以前总有甲方问我“呃，到底在哪里做了设计”。

实践项目中场地的边界是与外部相联系的界，从上部来看是与天空相联系，其脚下则是通过多种多样的他者与地下相联系。白昼与黑夜、四季变换、天气变化、流域中水体的流动等等，这些现象都是这个持续运作的世界上毫无掩饰的存在。对象不应当是“物体”，而应当是“关联”。设计的对象不应当是“这个”，而应当是“这里”，与此同时其视线也应当延续至其外部。作为结果所显现的是自身的参与，与既存事物间微妙的关联性所酝酿而成的网眼。设计所呈现的事物应当在其中作为新的关联性的一部分而被吸收。在网眼的各处蕴藏产生场所的契机。场所最终为了体验这个世界而诞生。

---

① 阈：界限，故阈值又叫临界值，是指一个效应能够产生的最低值或最高值。

II　设计的线索

接下来，

我想通过特定的实践项目来介绍

作为具体形态表现方法的“设计的线索”。

不是具体细节的记述，

而是将通过设计这种行为所想到的

各种各样的“观察事物”的片段分4个主题加以整理。

每个主题与相应的实践项目有所联系，

期望读者作为思考与形态相连接的过程加以阅读。

05 风景的再编

我时常在想，风景园林设计其实与编辑这个行为确实有相似之处。就算是做设计，其实大部分的要素都已经在场地上，设计师需要从头设计的只是一小部分而已。现状如何读取、又如何在其基础上产生新的状况，这是一个非常令人兴奋的过程。所谓的编辑可以说是赋予现状以新的视点。新的视点，能够给我们带来新的与这个世界的接点，或是新的与这个世界的互动方式。

06 对于场所由来契机的设计

所谓场所，是使我们能够真实感受到生活在这个世界上的媒介。如果没有场所的话，我们就有可能找不到这种生活的感觉，也可能无法产生相应的行为以及回忆。难点在于场所这个事物本身是无法被创造的。场所作为个人的体验，在风景中无处不在地显现、消失。场所无法设计。设计师能够做到的仅仅是预设能够产生良好场所的状况。当然，我们相信个人的体验一定会在某个点与普遍性的体验相联系。

07 体验的设计

我认为体验与场所配套存在。场所与体验并行出现，在体验的时候对于场所的感觉是不可或缺的。在本书中，将场所与体验分别作为主题的原因，是因为在面对具体的实践项目的时候，我认为它们具有作为强劲的驱动力来牵引设计的特质。这样的分类从另一种意义上来说是为了图个方便，其实场所与体验就像是硬币的正反面一般难以区分。究竟是哪一个较为适宜作为设计的线索，取决于实践项目的性格与探索的途径。在此基础上，最终需要向“场所的体验是否有可能在彼处产生”这一设问收敛。

08　与时间共生的设计

风景这个事物没有所谓的开始也没有所谓的结束。我们所看到的经常是时刻变化着的、处于动态的，限于那个时刻的形态。从眼睛能看到的风景到即便是用尽人的一生也无法感知到的风景、各种各样，而且是在这个世界上同时存在。所以说，风景园林设计不得不考虑时间这个关键性要素。对于每一个实践项目，以多长的时间轴加以考虑，是非常难的一个问题。特别是对于经济合理性与必要性需要在短时间内达到诉求的当代，我们应当相信与时间共生的设计是最合理的，并将其付诸实践。

1
2

05 风景的再编

偶然会回想起孩童的时候有一次迷了路，抬头发现自己在大人的人群中，当时恐惧与害怕的感觉至今刻骨铭心。时而也会回想起当年骑在父亲的肩膀上，那种感受到世界突然间变大的快感亦令人难以忘怀。只是视点的位置稍微发生了改变，所看见的世界却截然不同。这两种视点的高差其实也仅仅只有1m多。即便是如此接近的高度差，也能够给人带来对于这个世界不同的体验。简单的视点位置的变化，影响着我们对于这个世界的认知。

恰好处于关东平原正中央的多多良沼。站在这个通过填埋形成的场地的一角，我发现最有趣的是填埋时用作围挡的一圈小土坡。土坡的高度大约2m。站在土坡下方的地面上，你能看到的仅仅是被土坡所限定的数百米的世界。如果爬上土坡，你会发现所能看见的是方圆数公里、甚至是一望无际的平原。正所谓在平坦之处哪怕是仅有的高差所起到的效果，从某种意义上来说也是一种借景式的设计。

冲绳县竹富岛是一个高差约20m，形同薄饼一般的平坦小岛。在背向海面的一处场地设计泳池的时候，我想到了面朝大海所相反的、面朝天空的泳池。还有一个理由就是，岛上的夜空漆黑、星空非常美丽。在场地的正中央规划了一个形同钵体的大地形，在其底部设置泳池。钵体的高度这里也设置为2m左右。仅有的高低差通过限制周边的视野从而形成天空的框景，在泳池中能够体验到被天空所包围的感受。如果能够从周边环境的角度对于场地进行考虑的话，小小的高差其实也能够成为体验重置的切入点。这样的体验，也正是这个场地的潜在性魅力所在。

实例：

多多良沼公园/馆林美术馆

虹夕诺雅竹富岛

1. 孩童们在栈桥上观望由土坡围合的水池
2. 在泳池中尽享蓝天

以道路设计再次构筑风景

世界上有太多的不为人知的场所。但是如果有人在不为人知的地方踩出一条路来的话，渐渐的这条路可能就会被更多的人去走，长久下去那个地方也会变成广为人知。这样的话题其实不仅仅局限于荒野或者是人类未涉足的大地，其实在人们普通的、日常的行走过程中也会发生。道路真的是一种不可思议的存在。一条道路能够产生新的风景，只是通过改变道路的路线设置或者建造的材料就有可能产生与之前截然不同的风景。

但是有一点，在新设道路的时候需要慎重再慎重。没有道路的地方意味着那里留存着没有人工介入的自然的、宝贵的空间。在我还是学生的时候，富士山的斯巴鲁线（山梨县河口湖町至富士山山腰的收费公路）建成后所引发的种种问题至今还记忆犹新。地下水的问题、风的问题、观光客超负荷的问题等等，看上去只不过是在一个区域铺一条线而已，其实对于这个区域的影响远远大于所见。

轻井泽这块土地上流淌着一条名叫汤川的美丽的河流。最初到访的时候，发现河流周边只有垂钓的寥寥数人，感到大好的风景非常可惜。从那个时候，我们就开始着手准备游步道的规划。虽然是只供游人行走的小道，但是从位置、宽度、路面的素材等各个方面做了非常慎重的选择。为了确保在游步道上看不到停车场，在两者之间堆起缓坡做视线的缓冲，为了配合营造步移景异的植栽变化，对路线进行了无数次的调整；最终编辑出能够令游人沉浸在森林与河川间的风景体验。这条游步道规划至今已经持续了15年多。最近，春榆露天广场以及轻井泽野鸟森林都与这条游步道先后连接。随着周边项目的再开发，这条游步道将成为这些项目的纽带，其规划也将成为一个漫长的过程。

实例：

虹夕诺雅度假村交流区域游步道

汤川沿岸的游步道给予游人新的体验

5720
5160
560
1000
4160
PLANT MATT
REED GRASS
HHWL TP+2.300
NATURAL ROCKS φ300
BLOCK (FIN WALL TYPE)
EXIST STONE WALL
HWL TP+0.900
100
801
TOP SOIL
DRAIN MATT
GRAVEL φ50~100
HWL TP-1.000
WATER FRONT RE-VEGETATION DETAIL

以小单元体改变风景

无论眼前展现的是多大尺度的风景，但凡从近处来看就会发现其实都是小尺度局部的集合体。就像是设计师伊姆斯夫妇创作的电影《十的次方》（Powers of Ten）一般。反过来说的话，从小尺度局部入手也有可能对大尺度的风景产生影响。道牙石、照明灯具、宅地规划等要素虽然也能够构成小尺度的风景，同时也要意识到在它们的背后是更大尺度的风景。

在这个案例里，我觉得如果用小型的单元体能够与港湾这样的大尺度风景进行联系的话，会是一件非常有趣的事情。能够简单制作、能够简单设置，采用单纯的形态，实现单纯的功能。期待其能够不断增殖，甚至某天起到使得我们与风景全体的关系发生改变的作用。其实说到底风景没有所谓的完形，而是每天处于一种更新、变化的动态。在风景中循序渐进地随处播撒今后能够生根发芽的种子，这种设计的尝试就是芦苇原单元体。

港湾地区典型的剃须刀状护岸是根据功能需要所形成的一种特殊形态，也是港湾风景的重要特征之一。实际上在这种护岸中也有一些较为平坦的地方，我们想能否利用这些地方令港湾风景能够变得柔和一些。用混凝土围合出单元体，在其中放置卵石，覆土后种植芦苇。涨潮退潮的时候海水从卵石间流过，整体成为了一个细长的生态装置。现在偶尔也会发现有小蟹等生物在其中栖息。可惜的是没能够在场地外围产生繁衍，但是对于我们而言发现了港湾风景新的预兆。

实例：

横滨港码头公园

港湾中显现的芦苇原生境

小单元体的集结

各种各样的局部聚集在一起才能形成全体像，这样的思维方式一直在设计的过程中持续。就与彼处既存事物间的相处而言，我们设计方所能够提案的仅仅是全体中的一部分而已。与此同时，如若将局部予以放大，我们会发现它们也是由更小尺度的部分所组成。我们在这里暂且把这些更小尺度的部分称作为单元体。如果从单元体开始思考的话，我们究竟能够得到怎样的风景？

可以通过以超高层大楼为主体的大规模再开发项目一窥究竟。在竖向上具有压倒性尺度感的大楼脚下是能够深切感受到D/H值①的广场，步行者在其中随时都会有被巨大尺度感支配的感觉。也就是我们在术语中经常所说的超级街区（Super Block，尺度大于一般的城市街区）的世界。在这样的世界中如何形成一小块能够令人短暂放松的领域，其线索就在单元体。

铺装没有采用通常所使用的大块的铺装材料，而是选用了能够令人感受到手工感的60mm见方的自然切割面石材，并运用了庭园类素材及手法。树木也特意选用了尺度较小的树种。所有的城市家具也都采用小型的，在它们的表面处理上也留下了可以令人寻味的线索。这些最终形成一体，产生出为了步行者而设的领域。在空间规模这个层面上，我们其实很容易受到影响。此外，我们多少还会受到构成空间的单位体自身的尺度大小、素材感及质感的影响。在提高像素的同时我们还能够得到与身体感知尺度相匹配的信息，我想这是在巨大开发项目中特别需要留意的要点。

实例：
虹夕诺雅东京
丸之内oazo

1. 能够令人感受到手工感的各种铺装
2. 都心宾馆的入口
3. 连接建筑内外的铺装构造
4. 场地内的点状铺装上刻有江户传统纹样
5. 具有统一感的小型城市家具

---

① D/H值：建筑距离D和高度H的比值，这个数值越小越能令人感受到身处深谷。

举止成为风景

在城市街头漫步时，会发现人们以各种各样的契机在公共空间内形成一些转瞬即逝的场所，实际上从另一个侧面为我们展示了各种形式的场所的使用方法。就好像是那片土地所展现的举止一般，同时也可以说这是在社会群体中最为原始的举止。我认为“人呼唤人”是一种真理，我想如果去一个荒无人烟的地方谁都不会感到愉悦吧。越是大量存在有这样的原始性举动的街区，是否就可以说是真正的城市、或者说是具有人气的城市。

就像是城市中随处可见的二次性座位（Secondary Seating，比方说楼梯一类可供就坐的设施）一样，城市中会有各种形式的设施诱发人们产生多样的行为举止。城市家具的存在也成为产生街区表情的契机。就像是城市设计大师扬·盖尔所说的，微小的阶差是诱发人们行为举止的最为绝妙的形态。这里列举的是一个地处城市中心部的大学校园规划设计项目。与大型公园相毗邻，试图面向街区展现一个生气勃勃的大学校园的容颜。

看似随机布局的地面铺装其实是暗示场所存在的标识。铺装在各处以立体起伏的形式围绕着榉树形成各种变化。人们可以在榉树的树荫下共进午餐、玩耍、休憩、攀谈。设计的最终并不在于凹凸起伏的形式感，而是人们往来聚散的这种状态。设计师的职责其实就是创造能够产生类似状态的某种状况。

实例：

帝京平成大学中野校区

以单纯的形态诱发多种行为举止

活动区
校园森林
水路
1
2

以触碰局部改变全局

我们大家都在日常生活中参与风景的形成，无论是多么细微的行为所留下的痕迹都会被印刻在风景中，风景亦随之更新。但是有可能是因为细微的参与难以被察觉，也有可能大多数的行为从根本上来说无所谓对于风景产生影响。每天早上开门铺位陈列商品的小店，将空屋撤除、增设停车场这样的事件，都是为了达成眼下的目的而产生。但是事实上，这样的事件也正在引发风景的变容。

设计与日常行为间的界限其实并不像想象中的如此清晰。偶发性的微小行为，以及尝试以微小行为引发改变全局的意图。在风景园林设计中，期望将它们两者有意识地加以区分。特别是在较大场地的情况下，通过最小程度的干预达到全局更新的效果，在成本控制上也合乎情理。并不是全面覆盖，从另一种意义上来说是将场地上既有事物的关系进行再次编辑的过程。

实例中的大学校园位于关东平原与武藏丘陵地带的交界处。辽阔无际的森林中镶嵌着田地与村落，形成了这个区域固有的风景形式。首先，将大学校园全体作为整个风景的一部分加以认知。广阔场地的西部是郁郁葱葱的树林地，东部则集中有各种设施。如何将分为东西两侧的校园进行一体化设计，其关键点在于连接东西两个区域的交界面的处理。将位于交界地带的既存小河渠拓宽，沿着河岸设置大型广场。一度被当作校园外侧的西部树林地，在广场对岸作为沉稳的背景色浮现在眼前，人们通过河道上的架桥开始来往于校区与树林之间。两个区域以互补的形式形成一体化的校园，达成了预期目标。

实例：

立正大学熊谷校区

1. 通过河渠统合东西两个区域
2. 拓宽后的既存河渠两侧的景色对峙

1

2

考虑全局

平日生活的社区、现在正在行走的街道，这些都令人感觉到是连续的空间，实际上被无数的界线所划分。除了私人用地、公共用地的区分以外，这些用地还被不同的所有者以及管理方所分割。如果从风景是地表空间这一观点来说的话，这样的划分、区分以及分割其实还是值得商榷的。风景应当是具有共有性质的公共空间，其所有与管理、使用上的区分等等只不过是权当概念而已。城市体验的魅力所在不应该是片段化空间的集聚，而是应当存在于连绵不断的地表空间中。

在滨水空间中，这样的分界倾向较为显著。首先有海域与陆域的分界线，这样的分界线大多是应对不可抗拒自然力量、具有保护国土使命的强韧防御线。原本处于动态的水陆两域中间的境界理应是柔软的线型界面。位于两种不同世界中的这个狭小空间对于城市来说是产业、贸易、交通等命脉的最前沿阵地，也是重要阵地。其用途与功能也日趋多样化，并有逐渐细分化的趋势。

2011年，东日本大地震引发海啸，对于气仙沼市内湾地区长期积淀而成的风景造成了毁灭性打击。在一片争议声中，这个区域最终还是决定要建设防波堤。但是，防波堤不应当成为分割大海与街区的一道混凝土墙。带着这样的初衷，与街区复兴协议会以及行政部门一同，最终形成了作为街区与大海的新连接点、将建筑物与公园镶嵌在防波堤中的规划策略。那个时候最为突显的一个问题是，现实中这个区域被无数的界线所分割，为了挽回一个具有完整性的风景，必须所有当事人超越各自所持的界线、对于全局要有一个共有的意识。在每个被分割的场地中与不同的甲方以及设计师一同，我们的职责在于以“风景是一个集合体”为口号，以创造新的共有风景与居住场所为目标。

实例：

气仙沼内湾滨水区域复兴规划

1. 2013年2月的气仙沼内湾
2. 内含防波堤的风景意向

06 对于场所由来契机的设计

世果充满着“他者”，城市环境与自然环境中存在的“他者”有着很大的不同。其中有一类是被各种生物所充斥的空间，诸如树林与森林，如何将人类的活动引入这样的空间是一个有意思的课题。由于人类的进入，原本存在的环境被改变，严重情况下甚至可能会被破坏。即便人们是因为钟情于这里的环境而来，但是最终引发类似问题的情况比比皆是。

分栖共生是由生态学者今西锦司所提倡的一种思考方式，寻求非个体间竞争的物种间相互关系。大致来说即是构筑相互分栖共生的空间以回避竞争，形成共存以及相辅相成的生育场所。在城市中，由于人口密度高的缘故难以分辨这种情况，其实所有的空间都由多样的物种分栖共生以确保各自的生存场所。森林是一个非人类生存的领域，如果我们想要靠近去感受那里的魅力，我们一定要采取小心翼翼的态度。

在这里，平台作为与垂直方向上的他者分栖共生的一种装置。虽然只是与森林的住民们共享地面，但是在这里我们期待分栖共生。人踩在土地上，土壤被夯实，树木吸收水和养分向上生长变得困难，人类所行之处草本类亦遭到破坏。森林的地面有很多动物的通道，是无数的昆虫和菌类的生活场所。这个取名为天空平台的装置作为避暑地游客在室外的公共活动空间，源自于在森林内漂浮不定的云层中漫步行走的设计概念。如果想要享受森林的话，必须考虑最小限度干涉森林的手段。

实例：

虹夕诺雅富士

在森林中的平台上轻松休憩

1

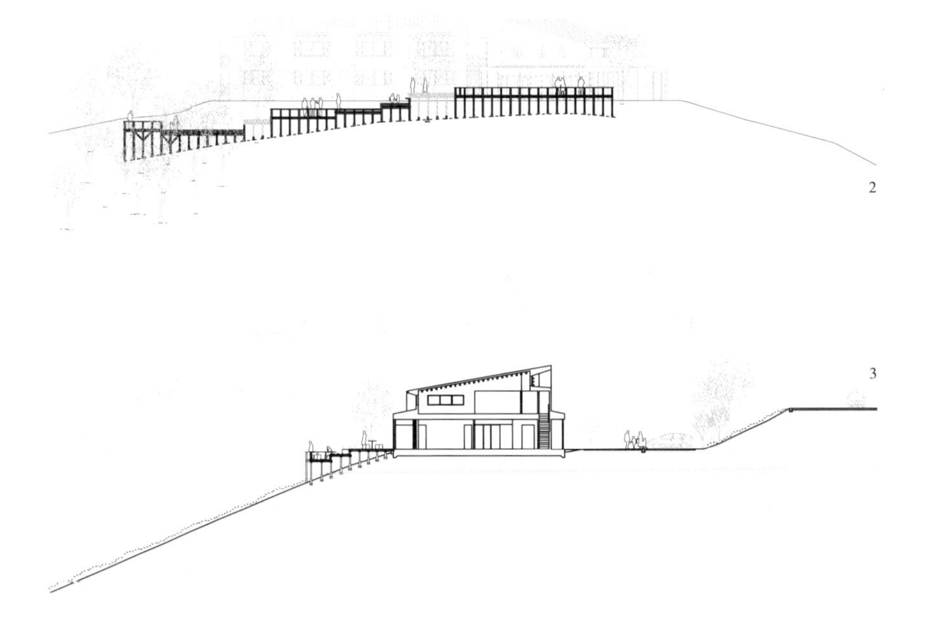
2
3

作为逗留场所的平台

斜面是一种十分有魅力的存在，但作为生活场所来说还是比较困难的。登山也好，休息也罢，都希望找到相对平坦的场所。如果回望城市化的历程，会发现其实也就是一个平整斜面的历史。居住区开发中的平整山头就是其中的典型。丘陵地、崖壁等等，城市圈的斜面成为开发后残留下的绿地。而在偏远城市中，斜面则远离我们的生活，往往位于我们生活圈的外围。

但是斜面有其自身的魅力。作为地形、作为一种具有历史连续性的绿地，如果能够成为我们多样性生活环境的一部分，应该是一件多么美好的事情。我们的项目地距离东日本大地震的受灾地陆前高田市市区车程20分钟左右，面向广田湾与太平洋的箱根山的山腰。市区正处于灾后复兴之初，人气不是很旺。在这里，我们在当地有志者的倡议下，希望建成一个不仅仅是市民，来自外部的人们也能够在此轻松愉快会面交流的，浮现于山顶斜面的广场。

平台的建设过程中以对于斜面的负荷减少到最小为出发点，试图浮现出另一个地面。对于我们生活圈以外的山顶斜面的历史没有采用抹杀的手段，而是采取了使其作为眼前的生活场所而出现的手法。这也是平台形态的有趣之处。平台就像是从斜面被分割出去一般，实际上如实地反映了斜面的存在。斜面的朝向、各个场所的使用方法、安全性的确保、视线的通透等等，只要是遵循原来的斜面，我们认为都能找到最佳的答案。

实例：

箱根山平台

1. 平台的形态在与斜面的关系中产生
2. 人们可以轻松交流的广场的剖立面图
3. 山腰中出现的生活场所的剖面图

诱导人们进入我们的场所

“为了大家”，这样的说法我实在难以理解，“大家”到底指谁？如今的公共场所大多不具有魅力的重要原因，我认为在于作为“大家”代表的行政力量，试图建成一个为了“大家”的场所。行政方作为主体没有表情、没有个性，作为客体的市民也终将不知所从。不知道究竟是谁为了谁而做的，类似这样的场所随处可见。我认为空地有其独特魅力，反而下意识形成的一些意义不明的场所是问题所在。

具有设计意图的场所中，应当具有主体者鲜明的表情。也就是必须明确将外部的谁诱导入谁的场所，这也是公共空间所应当具有的相互性。将主体者的表情鲜明地展示出来的同时，也暗示着真正的公共空间的产生。在公共空间中，很难将主体者的表情加以展现的言论，发生在城市的各个角落，我认为这是一种固执与偏见。日本桥项目即是对于这种言论的反驳。我们所期望的愿景是，将“宾馆咖啡吧一般的客厅空间”展现在街区中，而其中的咖啡吧就是公共空间。

在街道中开放的“谁的场所”。当然由于街道的特性，处于其中的行为会受到一定的限制，如果设置数个开放的“谁的场所”的话乐趣就会倍增，场所间也会产生利益。我们在这个项目中所使用装置是“可移动的椅子”。正是表达了一种姿态，“欢迎，请您随意享用。”仅仅是取消了被固定的长椅，场所的亲密性一瞬间改变了。多治见车站前广场更新亦采取了同样的手法。确认管理监督，在寻求场所意义的供给侧达成共识，作为诱导的主体者的表情即能够得以展现。感受到被招待这一好意的人群即会开始使用场所。

实例：

日本桥COREDO广场

虎溪用水广场

1. 午休时间的使用如同客厅一般热闹
2. 使用可移动的椅子，按自己的意愿休息

Beach
Jungle?
1
2
防潮林
アイヤルミチ
展望台
芝バンク
プール
客室
テラス
木陰の庭
レストラン棟
ヴッグ
カンナージミチ

决定布局

我们可以考虑如何使用数个石块进行不同的布局。龙安寺的石庭基本上只限定了一处视点，将经过无数次选择的石块置于无数次考虑后的位置。而东京国际论坛内理查德·朗（Richard Long）的作品《Hemisphere Circle》则具有参与性，人们可以自由进入其作品，穿行、就坐。无论是哪种体验方式，布局决定了包括周边环境的全体意象的基调。以上案例都能够令人感受到通过布局所产生的场所力量。

与箱庭疗法相似，即便是预先给定的要素相同，如果在布局上略有变化便会形成完全不同的世界。如果能够自由选择各种要素，如果放大制作过程中的自由度，最终的形式将会千变万化。但是，我们不得不在其中探寻某一个最终的全体意象。所谓的风景园林设计，可以理解为将“早已存在的事物”、“选择性置入的外来事物”以及“新创造的事物”在新的关系下加以布局的过程。

对于大尺度的场地来说同样适合。比方在较为复杂的避暑地中除需要组合眺望、休憩与回游等行为以外，还需要预设各种体验的场所。当然在实际规划中会被赋予非常多的条件，而且是在与甲方以及建筑师的不断沟通中才能得出结果。在其中，我认为风景园林师能起到的最大作用是，如何处理作为“底”的空间。规划对象地是平坦的耕作废弃地，在最初的设计过程中由于没有能够找到合适的入手点，导致了规划的搁浅。在无数次的试错以后，根据数棵既存树木的位置、传统聚落的形态、水池以及眺望平台位置、马赛克状贯穿大地的牧草地等场地特性，推导出了最终的规划。在整体的布局中，穿插了时间与空间的体验。

实例：

虹夕诺雅竹富岛

1. 左上至右下，手绘凝练概念规划的过程
2. 最终的规划平面图

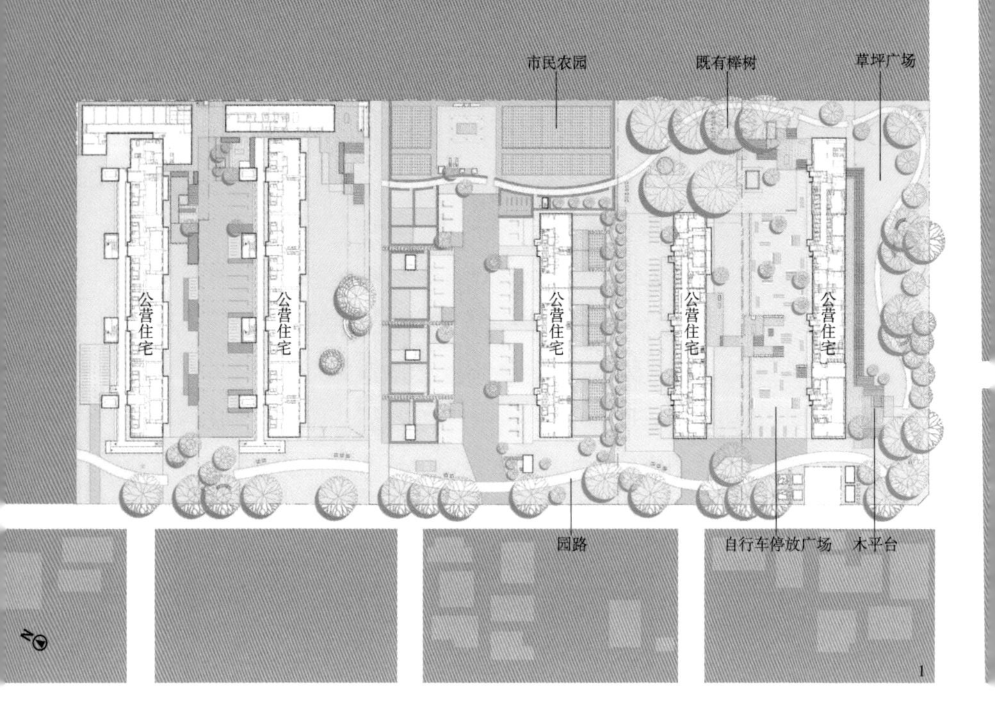
市民农园
既有榉树
草坪广场
公营住宅
公营住宅
公营住宅
公营住宅
公营住宅
园路
自行车停放广场
木平台
1

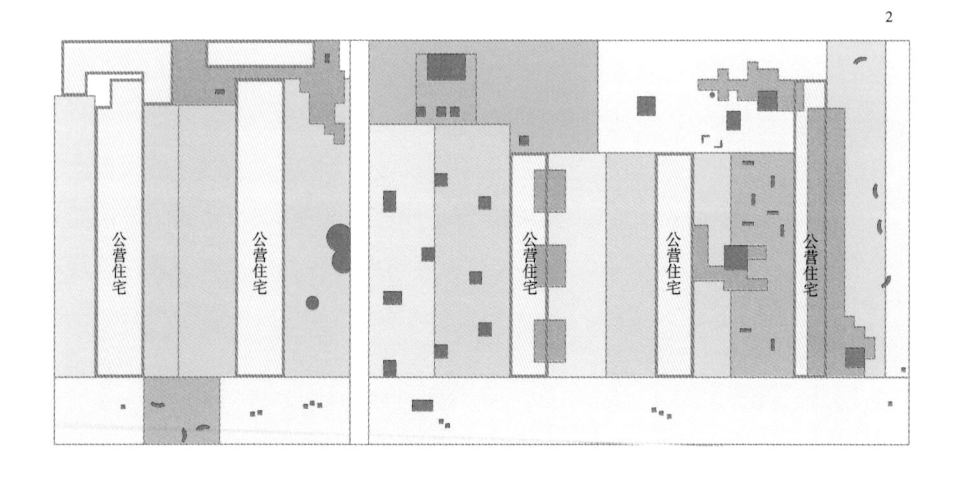
2
公营住宅
公营住宅
公营住宅
公营住宅
公营住宅

公营住宅区类公园

小时候所居住的地方附近有一个很大规模的公营住宅区。那个时候还是公营住宅的早期阶段，依稀记得从平房到三层楼房，各种类型的住宅处于一种混搭状态。住在那里的小朋友很多，对于大家来说住宅区就是一起玩耍的地方。住宅区就这样理所当然地被认同为与玩耍等同的语汇，而“去趟住宅区”这句话就成为与父母说出去玩一会儿的代名词。而现如今，公营住宅区随着一个时代的终结，逐渐成为被人们所遗忘的对象。

另一方面，住宅区的每栋楼房之间都有很宽敞的室外活动空间。建设初始所栽植的一些树苗经过数十年也已长成了大树，这样的自然资源现如今成为老旧公营住宅区中新的价值的一种体现。场地间的境界上不设围栏，两户一层共享外部走廊的存在也使得内外空间的价值得以提升。室内空间—半开放空间—场地内的公共开放空间—住宅区外部的空间，形成了宝贵的、具有连续性的区域特质。住宅区内部其实形成了如同公园一般的性格。就像是我孩童时候所体验到的感觉。

但是公园只不过是制度上存在的名称而已，并非可以轻易区分其属于何种类型。除了《都市公园法》中所规定公园类型之外，其实还是有许多各种各样的公园存在。如何面对这样的公共空间其实十分重要。如果将18世纪的英国将私有地向公共开放作为公园的原型，那么在这里将早期的公营住宅区看做是一类公园的想法应该也是合乎情理的。多磨平住宅区即是一个典型的案例。通过用地功能的变更以及大胆的更新，建筑物被转用为共享公寓以及学生宿舍，特别是地面上的各种设施通过各种手法与广场融为一体。高大的树木成为居住场所中很重要的一部分，连接房屋—场地—街道的新型公园空间就这样诞生了。

1. 内含草坪广场、观景露台、市民农园等各类公共空间的公营住宅区
2. 首先使用绿色、紫色、灰色标识既存场地所持有的性格，然后使用红色、橙色将活动单元散布其中，这样就产生了许多可以逗留的空间

实例：
休憩用平台

1

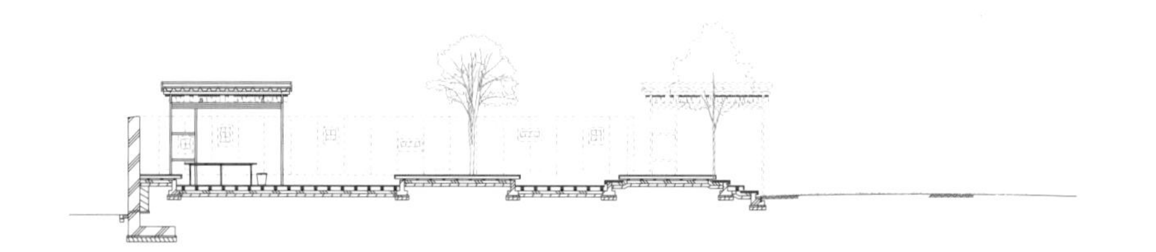
2

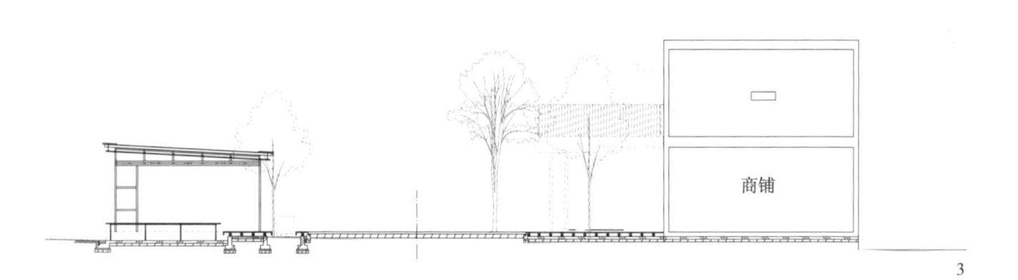

3

寻找自己的场所

如果我们回顾自身经历过的那些日子，我们在哪里生活的时间更多一些呢？家、职场或者学校一类的地方，应该是在城市中所生活的人们的首选。即便是加上最近时常听闻的第三场所（Third Place），我们大多数人应该都只拥有限定的活动场所。就像是浮在海上的孤岛一般，被隔断的场所。虽然其中原因有很多，但在这里我认为我们必须尤其重视在宽广的世界中与他者共同生存的自我体验。

如何在公共空间中发现自己的场所？这个问题足以令我们重审与街区以及他者间相联系的方法，而这种方法的缺失导致产生了一系列的问题。而作为风景园林设计对象的“底”的空间，即是充满我们与他者相遇契机的空间。其中的广场是一个绝佳的空间。相遇理应超越那些所谓的具象的接触。如能感受到在他者中的我的存在感，即是相遇。

连接他者、与之相遇，首先需要有一个能够使自己放松下来的场所。在公共空间中，这样的场所往往非既定的场所。应当是根据需要而浮现出来的场所，也是我们自身需要找寻的、适合自己的场所。这也是独居场所之所以重要的原因。在世界这个宽广的海洋中一旦将锚落下，在与他者相处之前首先必须面对的是自身。这是我在设计广场时，一直放在脑中的念头。作为设计并不是所谓的建造场所，而是应当未雨绸缪，期待产生独居场所的一种行为。

实例：

大町广场

1. 广场中被精挑细选的各种场所
2. 树荫下、椅子、高差等居所的剖面图
3. 共同店铺并设广场的剖面图

森林广场
晴海大道
S形街道
公园
辰巳运河
通景
1
2
1
2

07 体验的设计

人的活动不仅限于停留在某处。步行这个行为是很重要的一种原始活动。散步，表面上看也许是一种无意识的行为。但实际上，只需稍稍停下思考便可知，对我们而言散步是不可缺少的根源性行为。可以以步行的速度生活的街道，才是今后我们城市重新追求的尺度。

然而，大规模的城市建设的开发规模往往是超过“人”的单位尺度的。其结果为大量尽量避免步行行为的城市设计。这种大面积范围中避免步行行为的问题，成为感知城市时很严重的负面因素。而且不仅仅是空间内部的问题，对与之邻接的周边也造成了恶劣的影响。

那么，该如何将步行尺度引入大规模的城市开发建设中呢？在本案例项目中，以限制机动车进入空间内部作为首要方法。同时，以降低尺度为目的的底层部分着手，以建筑物外延的台阶部分作为引导，将建筑与路面相连接。为体现设计主旨的“居住在城市中心”，不停留于居住空间内部，而是将路面空间引入居住空间的概念中。而在这路面空间的一端起徐徐呈现出的道路景观，是将人一步一步引入自然的S字蛇形空间，以及其尽头所展现的森林广场。而另一方面，为了使每个居住者有不同的私人化步行体验，步行系统采用了循环式的立体结构，连贯而严密的空间设计，使得每个角落都有引人前行探索的魅力。

实例：

东云CODAN

1. S形道路以及与其直角相接的森林广场所组成的步行空间
2. 角度和缓的S字蛇形道路空间

要素之间的关联必要性

景观要素之间的独立存在是景观设计的首要特征。与其说把不同的部分组合在一起，景观设计是将新的要素放进具有独立性的各景观要素的集合体中，并且将其组成新的相互关系的过程。既有的要素在新的设计中也会展现新的姿态。这个过程中最重要的便是创造各要素之间的相互关系。

当要素之间的相互补足关系产生之时，才是各要素有活力的开始。如果相互之间不存在适度的相关性，风景的整体性便不能得以展开，并且仅仅使景观要素的功能存在，而要素的吸引力不复存在。如果过于依赖景观要素的独立性，反而会使其产生片面的、孤立化的景观。

案例中的多多良沼泽公园处在关东平原的正中间，是在多多良沼泽干涸之后开拓出的一片空地当中建设的公园。平坦开阔的水田、防风作用的松树林、开拓时形成的堤坝、广阔的天空是空间中固有的。作为新的要素添加了美术馆、大型的草地广场、广场尽头的月桂树林、重新整备过的公园堤坝、细长延伸状的水池等等。各个要素本身都是单纯存在的，而要素之间的相互导引是配置时更加重视的要点。例如，广阔的草地与天空的连接处，月桂树林与其相呼应。此时，树林便承担了引人入胜的作用。向着树林走入草地之中，回头感受到的是色彩明亮的草地所营造的独立空间。为了让各个要素产生其最大的吸引力，要素之间是相互需要的关系。

实例:

多多良沼泽公园/馆林美术馆

1. 草地广场尽头的月桂森林引人入胜
2. 在月桂森林的另一边是广阔的草地广场，以及在其身后更加广阔的关东平原
3. 公园全景

1

2

总体上的感知

当独立的各项要素取得相互补足的联系之时，这些景观要素、包含其位置属性、首次展现出总体上的风景视野。虽然具有丰富的多样性，但景观总体以其整体性带给我们包括视觉上的感知体验。当我们处在整体性强的景观之中时，其带给我们的宏大的感知体验是不言而喻的。

这便是我所谓的感知场所。我认为风景是很有包容性的构造，因此，优秀的景观不论尺度大小，都应该是可以从中获取比其更广阔的风景体验。这种体验应当是从静坐、游憩甚至于短时间的休憩等单纯的行为活动中便可感知到的、与本场所固有印象截然不同的瞬间体验。

几何广场是岩手县紫波町公民共建的四栋复合设施所围合而成的一个狭长形的广场。当中建造着几个被称为舞台的小屋顶与木立柱的小聚落，组成“街区的防风林”，其当中留白了一处面积不大的草坪。左边的照片中父母与幼儿（推测）在其中游玩的场景，正符合了设计者对这片场地使用的初衷：屋顶的存在给母亲提供了半内部的荫凉空间，目之所及处又可以确保到光照的草坪上父亲和幼儿在玩耍，而场地内部又有一对年老的夫妇在休息。这两组使用者空间上互不干扰，又在群落间共享景观。这些不同的群落共同构成景观整体，而景观整体又由特性各异的群落而被感知。

实例：

岩手县紫波町几何广场

1. 不同的使用者通过不同的群落感知景观整体
2. 街区中狭长延伸的广场

共有的距离感

由于景观场所是多人共有的空间，对于任何一个项目，都有其合适的距离感。人类是社会性的生物，有为了与他人共享空间的目的性行为。与并非家人或朋友的、甚至是从没见过的陌生人共享同一空间，能使人获得其他行为所不能带来的喜悦感。

人与人之间的交流也并非只有通过交谈才可以获得，仅仅是身处同一个空间，相互之间适度的容许即可使交流成立。不特定人数的人群，互不打扰，有着各自独立的行为，正是一种交流的过程，通过这种过程形成流动的群体。除过去常有的村落社会式的封闭群体社区，这种在公共空间所特有的、共享同一场所的群体，是社区的另一种形式（相互交流少而开放）。

我们应该是可以同时从属于多个群体的，其中包含组群的场所、时间。不论广场、大学、商业设施、游乐设施任何一个空间这个概念都是相通的。虽然程度有所差别，但作为公共空间，都存在多个群体共有的属性。更重要的一点是，距离感不仅存在于人与人之间，地面的高低差、空间的尺度感，这些空间中所有的元素、人与事物之间也都有着客观存在的微妙的距离感。而这些距离感对人们的行为产生着决定性的影响，是设计师必须准确把握的。

实例：

轻井泽虹夕诺雅度假区春榆露台

多治见车站北广场（别称虎溪用水广场）

帝京平成大学中野校区

伴随距离感产生的各种空间共有的类型

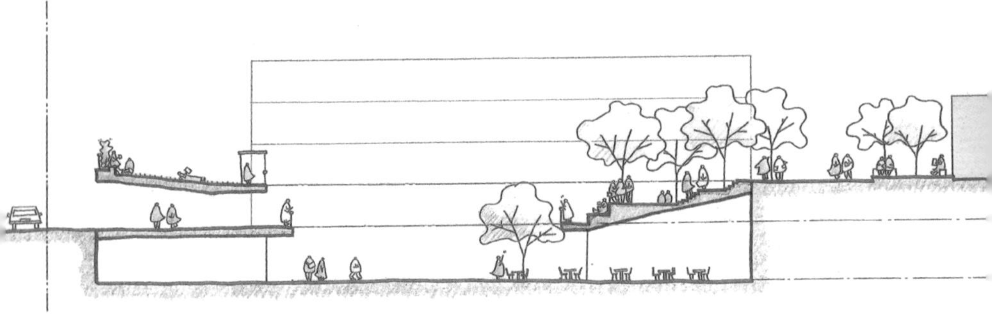

4

看与被看

城市的公共空间可以看作一种剧场空间，作为大地的没有界限的广阔空间，是可以自由出入的，能产生出各种视线交错的场所。频发的偶然事件也使公共空间成为观察的场所——这里所说的“事件”指的不是具体的商业活动或者街头艺术。人与人之间的相互兴趣，与他人共有空间的社会属性，是形成城市的驱动力。公共空间正是这种社会属性的重要舞台。

城市剧场空间的舞台遍及每一个角落，当然这里指的不是固定的舞台与观众之间的关系，而是观众与表演者的角色关系不停地相互替换。更加确切地说，是无意识之间，同为观众和表演者的两重身份，同时发生着“看与被看”的行为。而伴随着公共性的开放程度，这个剧场的性格属性也在发生着变化，有着各种各样的舞台。

具体到设计来说，是很需要考虑到这一点的。空间距离感设计时，必须考虑使用对象人与人之间亲密程度的不同、使用对象团体的多样化等因素。方法论上，纵线的“向上看—向下看”、通过某种媒介组织的水平距离、视线交汇的角度都是需要具体设计的。这又引出另一层的配置问题。

实例：

多治见车站北广场（别称虎溪用水广场）

大町市大町广场

东京工艺大学中野校区

1. 在喷泉旁玩耍的孩童与一旁的监护人
2. 看小型演唱会的当地居民
3. 在中庭举行派对的人们和站在台阶式平台上远眺他们的居民
4. 有着多样化视线角度的大学校园

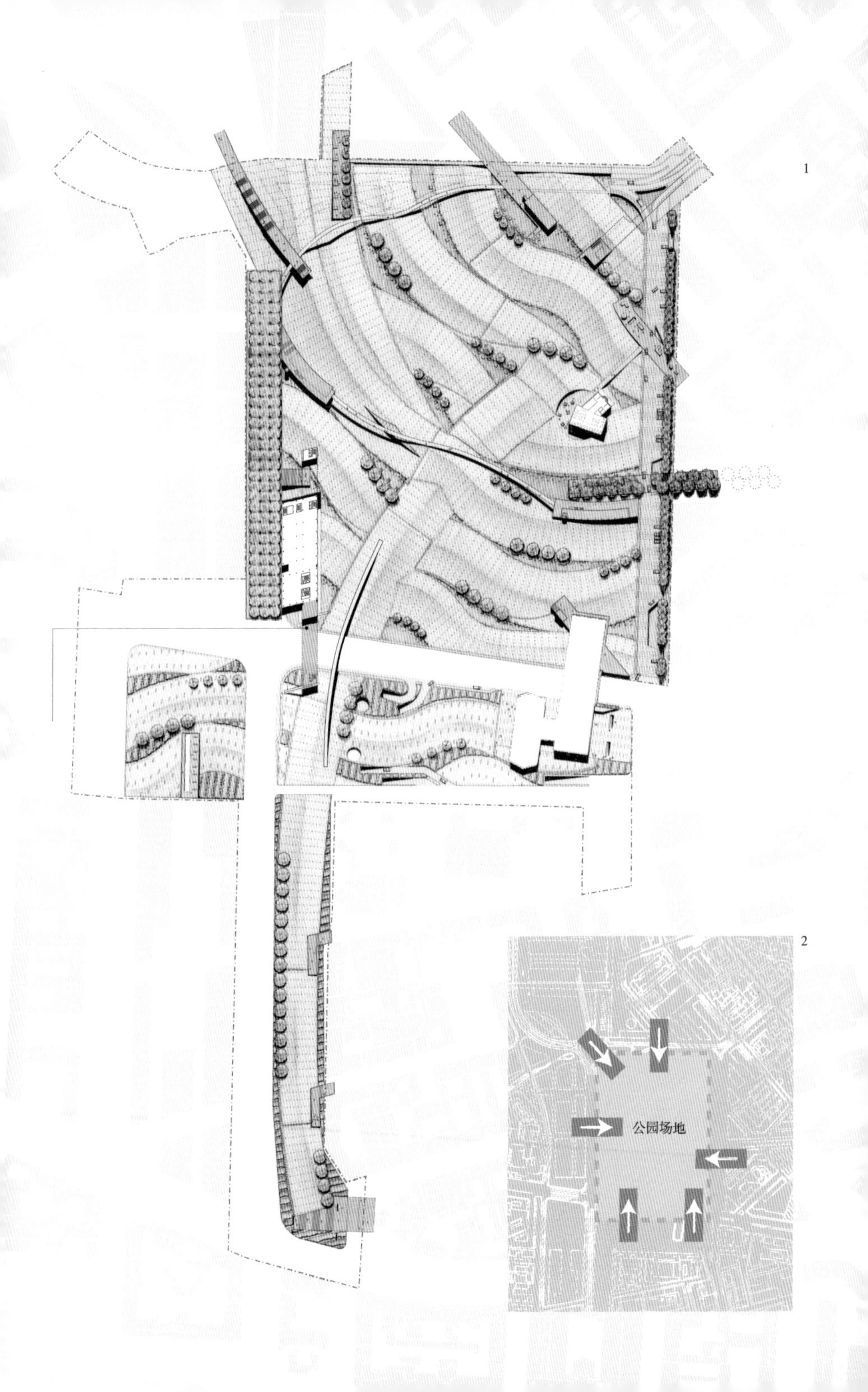
1
2
公园场地

边界的操控

一眼望去没有边界的风景，实际上在其内外部都存在着各种各样程度各异的边界。比如神社的鸟居，是一种象征性的空间上的边界，但也有伴随着土地权属、土地利用等设置明确的断面形式的边界。现代社会不可避免地有着纵横无尽的各种各样的边界线，但边界并不只是作为隔断空间的作用而存在，两个异质的空间也通过边界作为交界面产生连通。并且关注边界，反而会得到新的空间体验。

比如咖啡店把座席搬入步行道、广场，人群由此得以聚集，产生了完全不同的空间，使得建筑物内部与步行道之间的衔接更加弹性。再比如把道路旁的停车场等作为小广场使用的微公园（Parklet）[①]运动、居民自发组织的共有地清扫活动等，近年越来越多的此类社会运动项目的尝试，使得公共条例的运用转向实际层面的操作变为可能。那么，在实际的项目中，又该怎样施行呢？

公园、街道这两类空间也存在较多这种切断面。案例的竞赛中，设计对象是处在米兰市规划的新城中心的公园。这个设计中，公园和街道的边界被模糊，街道以贯入的形式延伸到公园内部。其必然造成了街道和公园的交界面变长，街道中的各种活动也都直接进入公园空间中。为了强调其反差，公园采用了简单的野生草坪（称之为绿色地毯）作为概念主体。被命名为栈桥的街道的延长线上设置了包括饮食场所、画廊、车站、市场、广场等多种用途的设施，使之与公园产生了更加密切的关系。

实例：

米兰新门公园

（国际竞赛二等奖）

1. 位于新城的公园位置图
2. 图解—街道的活动进入公园

---

① 微公园（Parklet）：将街道上的几个停车位转变成迷你广场、苗圃或公园，同时结合绿色植物和座椅等服务设施，为人们提供一个休憩场所。

03
04

风景中的屋顶

建筑物的屋顶是必有要素，其与墙壁、地板共同组成内部空间。隔绝外部环境的影响，形成舒适的内部环境是建筑物的一个重要功能。当然，天气状况良好之时，打开窗户，使室内空间得以获取外部环境的延伸也是建筑物的另外一面。但是我们这里所阐述的屋顶，是外部空间中单独存在的屋顶。

这种风景中的屋顶，是类似在外部空间撑起伞的情况。如果处在大小合适的屋顶下，无需以手相遮，也无需头戴斗笠，即便在强烈的阳光下也可以享受使人舒心的阴凉。雨天，处在只需稍稍伸出手便可以触碰到雨滴的位置，也可以享受被雨水的声音和气味所包围的宁静。另外，使人可以安心弯下腰的尺度的屋顶，本身也是可以提供欣赏外部空间独特角度的设施。屋顶外部空间与屋顶之下，其中也存在着和缓的边界，一旦踏入屋顶之下，便有了别样的空间体验。

拥有适度的大小与恰当的配置设计的屋顶，可以让外部空间人们的行为活动得到质的改变。在我的经验来看，过大或过小的屋顶都不可取。过小，活动不便得以展开，而且使用空间上也不足。相反，过大的话又使得与外部空间的衔接不足，处于其中会有孤独感，即使没有墙壁也会使得内部空间过于孤立。在设计此类空间时注意以上的话，可以让其成为与场地相呼应的“伞”。

实例：

巴厘岛虹夕诺雅酒店“Café Gazabo”

岩手县紫波町几何广场

多治见车站北广场

1. 仿佛飘浮在空中、延伸于丛林之上的鸟笼状屋顶下眺望热带雨林
2. 屋顶下午餐
3. 夜晚屋顶下的小憩

BLITZ
1
2

08 与时间共生的设计

我们赖以生存的世界正是基于作为“底”空间存在的地面而形成的，从肉眼几乎无法捕捉的微妙起伏，到令人目眩的高山顶端，这个世界拥有着多样的表情。地形经过千百万年的隆起·沉降，才被风与水洗刷成现在地表的样子，我们生活在这样的地形之上，并依托每片土地的独特景观形成了富有地域特色的生活风景。人类无法抵抗地形原因，顺应自然常理，同时也塑造了富人区和平民区、圣地和民俗的空间等等能够完整体验土地特性的空间。

可是这种感觉正在逐渐消失，特别是在城市地区。以坡地著称的江户地区（古代东京），坡道和桥梁的名称是地域特色的体现。然而，现在城镇埋没在建筑和高速公路之中，坡地被削成平地，河流也变成暗渠埋入地下。从东京都远眺富士山的最后一处“富士见”①观景点，也在2013年彻底消失。就这样，城市逐渐失去了历史和文脉，居民对城镇的自豪感和喜爱也逐渐变得淡薄，而吸引其他地方的人们前来的城镇“门面”也正在慢慢失去。

赤坂的地形是东京较为复杂的谷地之一，在江户时代形成了与地形融为一体的城镇结构。可惜的是，在过去的项目开发中，该范围内的一处山脊被削平了一大块，地形结构遭到了破坏，而此次再开发项目的策略之一就是对地形进行现代复原。在与建筑师反复交流讨论之后，最终决定通过两个建筑大厅重现消失的地形结构。现代的城市体验往往从地铁开始，因此这次我们还设计了通往地下一层检票口的阶梯状广场，在将被中断的动线重新连接的同时，形成“向上看-向下看”视觉空间,重新塑造具有赤坂地域特色的空间体验。

实例:

赤坂Sacas

1. 通往地下一层检票口阶梯状广场
2. 林立在复杂谷地上的建筑群

---

① 富士见：可观赏富士山的特定场所的统称。

固有风景即资产

最近经常能在城市・商业设施・住宅开发项目中，看到将毫无关联的异域风景复制到场地中的风气。生长着棕榈的住宅区、南欧风格的购物中心，甚至还有超现实的奇幻观光设施，这些风景以具象片段的形式出现在场地之中。即使是没有去过的地方，但我们知道这些风景片段，并且我们的消费欲望与之相关。

这里出现了两个问题，为什么风景片段会刺激消费欲望，而这种趋势真的符合经济常理吗？虽然我不太清楚第一个问题，不过毫无疑问公众媒体促进了风景片段的传播，并且材料和技术的交流共享也是风景片段更容易被复制的原因之一。看见的风景与当地的生活、气候、文化等既有条件剥离，而我们正处于这种混乱状态之中。但是否可以说，没有联系的风景很难成为人们共有的基础呢？

对于第二个问题，我认为并不符合经济的常理。风景是当地所有关联的综合体，是依附在每个人身体里的固有表情。如果从已经建立的现有关系中将表情剥离，那么我们必须不断投入成本来维持这个世界。探寻并顺应当地特有的风景，才更容易维持风景的合理性和稳定性。最主要的是，场地的固有特性是无法被其他任何东西取代的重要价值。每个项目我都会思考，通过这个项目能展现何种固有特性，并以此为出发点找出能成为资产的具有吸引力的设计。这是设计师的责任，不仅是为了消费，而是要以共有为目的，将当地的风景培育并永远持续下去。

实例：

虹夕诺雅轻井泽
虹夕诺雅竹富岛

1. 利用现有地形・植被・水系，营造新的山涧风景
2. 使用施工现场石材的传统砌石，形成场地的整体框架

4

浮想20年后的森林

即便是象征永不移动的大地也在不断运动着，而森林也一直在发生着变化，并且变化周期比大地快得多，以人类肉眼无法辨别的速度不断缓慢变化着。植被从一种状态变为另一种状态被称为演替，即使看上去一直保持着相同的状态，却和里山的杂木林一样不断受到外界的干扰。但是也有可能演替为顶级群落，达到最稳定状态。如果设计场地中包含天然林，那么如何应对森林和植物将是设计中的核心问题，并且任何地方都没有正确答案。

项目性质、人力财力资源、森林的演替阶段等等，需要从多样的条件出发综合考量设计应有的方向。设计对象地是河口湖南岸的坡地，场地高处据推测是一片从草地演替形成的红松阔叶混交林，按照设计方案，此处将成为度假村游客活动休憩的公共空间。然而，受全球气候变暖的影响，松材线虫的危害不断逼近，疫区边缘已经到达邻近的富士吉田市区。场地中的红松非常宝贵，20米高的树干形成独特的空间感，并且很难找到合适的替代树种。

结果作为解决方案，将选择生长良好的红松注入防治松材线虫的药物，积极保护防治。与此同时，适当间伐落叶阔叶树上方阻碍其生长的红松和杉树，通过改善光照促进落叶阔叶树的生长。即便松材线虫疫情扩散到场地内部，也尽量保证最低限度的红松存活，远期目标则是从混交林过渡到落叶阔叶林。为了不管是现在抑或是20年后都能保持项目和森林的良好关系，最终形成了度假村与森林共生的设计结论。

实例：

虹夕诺雅富士

1．架在红松和落叶阔叶林中的木平台

2、3．设计前的杂木林

4．植被演替引导方案的思路

1

2

必然产生风景

人们认为梯田风景美丽，是因为那是必然会产生的风景吗？虽然很难从美学角度评论风土（土著的）景观的价值，但是凭借场地的特性、手工建造工艺、特定时期的材料和技术自然而然形成的风景，切实地传达着场所的感觉。风景中的各种关联构成良好的运作机制，形成场地的稳定感。最重要的是，就像进化形成的形态一样，使人感到合理性。但是现在却很难得以维持，因为出现了与当时截然不同的工具和技术，并且已经很难找出当时梯田出现机制的合理性（大多数情况下）。

我们开展了一个以重现天然滑冰场和自然环境修复的项目，在溪水汇集的山谷建造池塘、形成水面。池塘位于坡地北侧，日照条件差，容易结冰并且难以融化。在降雪少气温低的轻井泽地区，确实是合理的场地立地和功能选择。夏天作为蜻蜓飞舞的池塘，冬天作为森林中的滑冰场，实现场地的全年利用。

设计创意兼顾场地合理性和魅力，例如早春冰最先融化的区域应尽可能设计成陆地。为了便于沙土流动、防止堆积，在入水口设计了水湾作为缓冲池。这些设计创造出地形的折叠，营造出具有空间进深感的风景。此外由于水池在冬季结冰，特意在其上游设计了一个小池塘，冬季池水保持流动，从而确保了越冬生物的栖息地。在夏季和冬季，池塘呈现出截然不同的风景和活动空间。这些设计相辅相成，是必然中的当然，场地中有池塘和水流足矣。

实例：

蝼蛄池塘（滑冰场）

1. 夏季包围在森林之中的蝼蛄池塘
2. 冬季池塘边成林间滑冰场

2

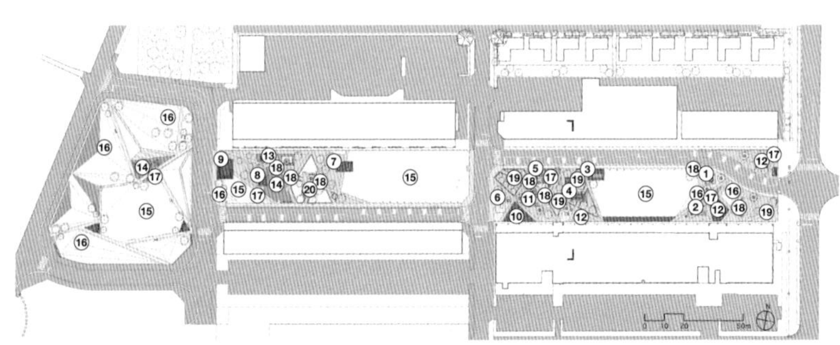

①～⑨ 工作室

⑩ 小市场

⑪ BBQ平台

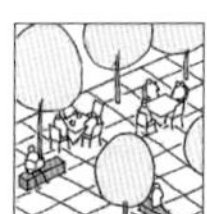

⑫ 咖啡平台

⑬ 盥洗平台

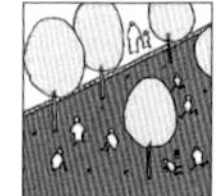

⑭ 疏林

⑮ 平坦草坪

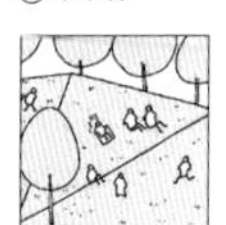

⑯ 草坪缓坡

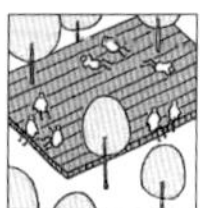

⑰ 木平台

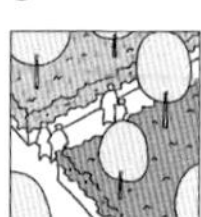

⑱ 花坛

⑲ 绿色围合空间

⑳ 下沉空间

从机制到关联

遇到某个场地并进行设计，之后施工并竣工。这是我参与设计工作的基本流程，但不知从何时起开始考虑其他事情。这个项目为何需要进行？最终的目标是什么？从设计开始到竣工的期间，几乎每天都参与在项目之中，使我探索项目进行机制的想法日益强烈。

风景园林设计项目通常具有一定的规模，会对场地中的各种力量和相关主体产生巨大的影响。与此同时，一个项目也是聚集了各方立场和智慧的变化集合体，因此有必要重新审视设计师所处的位置、能做出什么贡献，特别是在设计师这一名词解释过多的当代。

在某个项目中出现的形态是变化集合体的表现型之一，是暂时的终点，这个终点既是变化集合体运动过程中产生的某种必然结果，也蕴含着未来动向的可能性。资金如何循环、谁是责任人、政府和民众的作用分别是什么、能否与现有的事物建立新的关联？场地运作的机制从种种关联性中产生，形态又从机制中诞生。风景园林设计是“底”空间的设计，也是关联性的设计。设计出的东西将延续到未来，因此事物运转的机制和其间的关联性是非常重要的。

实例：
紫波町几何广场

猪谷千香著，《执手营建街区未来》，幻冬舍（2016）
清水义次著，《社区更新》，学芸出版社（2014）

1. 建筑、广场、道路、商业、管理等多种机制复合形成的风景
2. 总体规划和活动体验分布图

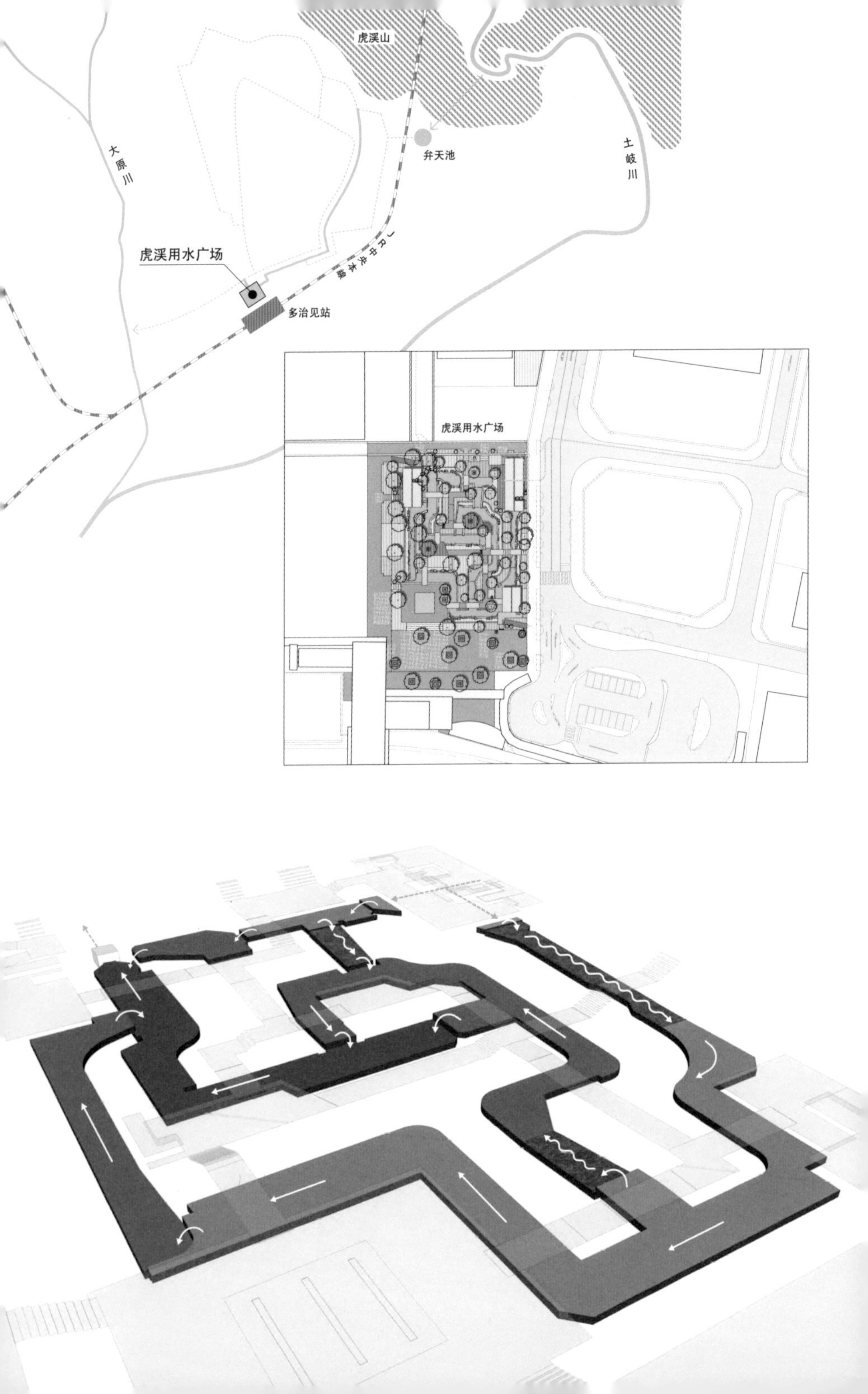
虎溪山
大原川
弁天池
土岐川
虎溪用水广场
JR中央本线
多治见站
虎溪用水广场

形态的转变与传承

风景中“已经存在”的事物承载着那片土地的历史，很多是在当地人与风土长期的关系中产生、引入和培育的。换句话说，它们是那片土地不可替代的资产，是居民心中重要的象征。使居民对所居住的社区或城镇感到自豪，是居民切实获得归属感的重要因素。也可以用公民的自豪感（Civic Pride）一词来表达，是公众运动的一种。

实际上，可以成为象征的事物多种多样。既可以是通过清晰形状传承历史的古城、沟渠等，也可以是像地形、植被和依此形成的聚落景观那样，即通过风景展现的关联性形成场所的象征。一条叫作虎溪用水的农业水渠流入多治见盆地，在明治时期当地的村民凿壁穿山，通过不懈努力将土岐河的水引入盆地，开辟了新的稻田。过去水渠滋养了该地区的土地，但现在许多稻田变成住宅区，水渠变成暗渠，农业用水和稻田形成的风景已然消失。

能否使流淌在地面下的历史遗产再次成为多治见的风景，是这个项目的开端。将农业用水转换为环境用水，引入被重新规划的多治见站北入口广场。依托多治见的地形、自然和人类相互作用创造出的原风景，转变成被水景和绿地覆盖的新站前空间，传承场所的记忆。虽然形态本身已经发生了改变，但人与（充满了前人的智慧的）水之间的关系将一直活在时间之中。

实例：
虎溪用水广场

农业用水以暗渠形式从土岐川流过弁天池，于广场中再次出现在地面上，并流往大原川

规划、实例清单（括号内为页码）

赤坂Sacas（P.111）
所在地：东京都港区　**场地面积**：约33000m²　**甲方**：东京放送控股公司　**竣工**：2008年3月　**项目经理**：三井不动产　**风景园林**：on site规划设计事务所　**建筑**：久米设计　**照明**：sola associates

大町广场（P.95，105）
所在地：岩手县釜石市　**场地面积**：约2300m²　**甲方**：釜石市　**竣工**：2015年6月　**风景园林**：on site规划设计事务所　**协助**：建设技术研究所　**构造**：Rhythm Design Mov一级建筑士事务所　**照明**：BONBORI光环境规划

几何广场（P.101，109，119）
所在地：岩手县紫波町　**场地面积**：约10000m²　**甲方**：紫波町　**竣工**：2015年6月　**风景园林**：on site规划设计事务所　**协助**：SAN-ESU咨询顾问公司　**构造**：Rhythm Design Mov一级建筑师事务所

气仙沼内湾滨水区域复兴规划（P.83）
所在地：宫城县气仙沼市　**场地面积**：约6500m²
· 全体统合设计
风景园林：on site规划设计事务所　**照明**：BONBORI光环境规划　**协调**：阿部俊彦（早稻田大学城市与地域研究所）
· 防潮堤（主体）
甲方：宫城县　**竣工**：2018年3月（预定）　**设计**：日本港湾咨询顾问东北分社
· 鱼町护岸复原、南町海岸栈桥
甲方：宫城县　**竣工**：2018年3月（预定）　**设计**：三洋咨询顾问公司
· 鱼町防潮堤
甲方：宫城县　**竣工**：2018年3月（预定）　**设计**：日本自动机工（设计施工）
· 南町海岸公园
甲方：宫城县　**竣工**：2018年3月（预定）　**设计**：Eight日本技术开发
· 街区公园
甲方：气仙沼市　**竣工**：2019年3月（预定）　**设计**：URLinkage（基本设计）、东京建设咨询顾问公司（实施设计）
· 体育及观光公共设施
甲方：气仙沼市　**竣工**：2019年3月（预定）　**设计**：RIA
· 南町海岸滨水区域商业设施
甲方：气仙沼区域开发　**竣工**：2018年3月（预定）　**设计**：LLSSMDW＋DEKITA
· 道路
甲方：气仙沼市　**竣工**：2019年3月（预定）　**设计**：内湾JV（鱼町/南町地区受灾街区复兴土地区划整理项目 项目规划等推进业务共同企业联合体）

KERA-IKE滑冰场（P.117）

所在地：长野县轻井泽町　**场地面积**：约3200m²　**甲方**：虹夕诺雅度假村集团　**竣工**：2016年7月　**风景园林**：on site规划设计事务所　**建筑**：Klein Dytham architecture（Picchio生态旅游中心）　**协助**：KANADE设计事务所　**照明**：ICE城市环境照明研究所　**构造**：KAP一级建筑师事务所　**机械设备**：GN设备设计　**电器设备**Tact Comfort

虎溪用水广场（P.89，103，105，109，112）

所在地：岐阜县多治见市　**场地面积**：约4500m²　**甲方**：多治见市　**竣工**：2016年7月　**协助**：LK设计事务所　**风景园林**：on site规划设计事务所　**照明**：ICE城市环境照明研究所　**构造**：Rhythm Design Mov 一级建筑师事务所　**设备**：玉野综合咨询顾问公司　**标识**：岩松亮太

日本桥COREDO广场（P.89）

所在地：东京都中央区　**场地面积**：约500m²　**甲方**：三井不动产　**竣工**：2005年3月　**企划**：博报堂　**共同设计**：OpenA　**风景园林**：on site规划设计事务所　**照明**：ICE城市环境照明研究所

东云CODAN（P.97）

所在地：东京都江东区　**场地面积**：约164300m²　**甲方**：城市再生机构　**竣工**：2005年9月　**风景园林**：on site规划设计事务所　**建筑**：山本理显设计工房（一街区）、伊东丰雄建筑设计事务所（二街区）、隈研吾建筑与城市设计事务所（三街区）、山设计工房（四街区）、ADH/WORKSTATION（五街区）、studio建筑规划/ YAMAMOTO HORI ARCHITECTS（六街区）**标识**：广村事务所　**照明**：近田玲子

多多良沼公园/馆林美术馆（P.71，99）

所在地：群马县馆林市　**场地面积**：约74000m²　**甲方**：馆林市（公园）、群马县（美术馆）　**竣工**：2002年　**风景园林**：on site规划设计事务所　**建筑**（美术馆）：第一工房

Tamamusubi Terrace（P.93）

所在地：东京都日野区　**场地面积**：约13000m²　**甲方**：城市再生机构　**竣工**：2016年9月　**企划**：城市再生机构　**协调**：东急不动产、TANABE物产、Community Net　**风景园林**：on site规划设计事务所　**建筑**：ReBITA、blue studio、+NEW OFFICE

帝京平成大学中野校区（P.79，103）

所在地：东京都中野区　**场地面积**：约20000m²　**甲方**：帝京平成大学　**竣工**：2013年3月　**风景园林**：on site规划设计事务所　**建筑**：日本设计

东京工艺大学中野校区3号馆（P.105）

所在地：东京都中野区　**场地面积**：约7600m²　**甲方**：东京工艺大学　**竣工**：2014年3月　**风景园林**：on site规划设计事务所　**建筑**：坂仓建筑研究所　**照明**：ICE城市环境照明研究所

箱根山平台（P.87）

所在地：岩手县陆前高田市　**场地面积**：约6500m²　**甲方**：箱根山Terrace　**竣工**：2014年9月　**协调**：Living World　**风景园林**：on site规划设计事务所　**建筑**：AIDA ATELIER + 名古屋市立大学久野研究室　**构造**：我伊野构造设计室　**设备**：Bioform环境设计室　**内装**：graf（decorativemode no.3）　**标识**：BLUEMOON

春榆露台（P.103）

所在地：长野县轻井泽町　**场地面积**：约9300m²　**甲方**：虹夕诺雅度假村集团　**竣工**：2009年7月　**风景园林**：on site规划设计事务所　**建筑**：东环境・建筑研究所　**照明**：ICE城市环境照明研究所　**构造**：桐野建筑构造设计　**设备**：森村设计、山崎设备设计事务所

虹夕诺雅轻井泽（P.73，113）

所在地：长野县轻井泽町　**场地面积**：约42000m²　**甲方**：虹夕诺雅度假村集团　**竣工**：2005年7月　**风景园林**：on site规划设计事务所　**建筑**：东环境・建筑研究所　**照明**：ICE城市环境照明研究所建筑　**构造**：佐野建筑构造事务所　**构造**：桐野建筑构造设计机械　**设备**：知久设备规划研究所　**电器设备**：山崎设备设计事务所

虹夕诺雅竹富岛（P.71，91，113）

所在地：冲绳县八重山郡竹富町　**场地面积**：约67000m²　**甲方**：虹夕诺雅度假村集团　**竣工**：2012年4月　**风景园林**：on site规划设计事务所　**建筑**：东环境建筑研究所　**照明**：ICE城市环境照明研究所　**建筑构造**：KAP一级建筑师事务所　**构造**：rhythmdesign　**设备**：Hals建筑环境设计

虹夕诺雅东京（P.77）

所在地：东京都千代田区　**场地面积**：约1300m²　**甲方**：三菱地所（再开发施工单位）　**运营方**：虹夕诺雅度假村集团　**竣工**：2016年4月　**设计监理**：三菱地所设计、NTT FACILITIES　**风景园林监理**：on site规划设计事务所　**旅馆规划/内装设计监理/外装设计协助**：东环境・建筑研究所　**照明**：ICE城市环境照明研究所

虹夕诺雅巴厘（P.109）

所在地：巴厘岛（印尼）　**场地面积**：约30000m²　**甲方**：虹夕诺雅度假村集团　**竣工**：2012年4月　**风景园林**：on site规划设计事务所　**建筑**：东环境・建筑研究所　**照明**：ICE城市环境照明研究所

虹夕诺雅富士（P.85，115）

所在地：山梨县河口湖町　**场地面积**：约54000m²　**甲方**：虹夕诺雅度假村集团　**竣工**：2012年4月　**风景园林**：on site规划设计事务所　**建筑**：东环境・建筑研究所　**照明**：ICE城市环境照明研究所　**构造**：KAP一级建筑士事务所　**机械设备**：Gn设备设计　**电器设备**：Tact Comfort

虹夕诺雅度假村社交区游步道（P.73）

所在地：长野县轻井泽町　**长度**：约1km　**甲方**：虹夕诺雅度假村集团　**竣工**：分阶段　**风景园林**：on site规划设计事务所　**照明**：ICE城市环境照明研究所

波尔塔努欧瓦（Porta Nuova）公园（国际竞赛2等奖，P.107）

所在地：米兰（意大利）　**场地面积**：约54000m²　**甲方**：米兰市　**设计**：on site规划设计事务所/石本组

丸之内oazo（P.77）

所在地：东京都千代田区　**场地面积**：约24000m²　**甲方**：三菱地所　**竣工**：2004年8月　**风**

景园林：on site规划设计事务所　**建筑**：三菱地所设计　**照明**：sola associates　**标识**：MEC DESIGN INTERNATIONAL CORPORATION

横滨港码头公园（P.75）

所在地：神奈川县横滨市　**场地面积**：约27000m²　**甲方**：横滨市　**竣工**：1998年3月　**风景园林**：on site规划设计事务所　**协助**：OutSpace设计工房土木　**构造**：创和规划声环境设计：庄野泰子

立正大学熊谷校区（P.81）

所在地：埼玉县熊谷市　**场地面积**：约345000m²　**甲方**：立正大学　**竣工**：2010年6月　**风景园林**：on site规划设计事务所　**建筑**：石本建筑事务所

后记

究竟是为了做设计而思考，还是为思考暂时找一个归宿而进行设计，偶尔自己也会分不清楚。我们在孩童的时候，是不是时常会有一些类似“如果我生在别人家里那还是我吗”“究竟宇宙的尽头到底在哪里啊”这样的无厘头的想法出现在脑海中。这样说来，那个涩泽龙彦小时候看了双面镜的漫画后，在心中产生了对于“无限”这一概念的敬畏。

世界虽然存在于当下，但是为何是当下的这个状况呢？从开始记事的时候就有这类不可思议的感觉，至今为止还一直耿耿于怀。虽然也受教了不少所谓的道理，但是总觉得对于这种不可思议事物的思考本身是一种乐趣。我觉得对于我自身来说，风景园林设计位于这类思考的延长线上。

即便是思考这个世界的存在而发呆的孩子，也总有一天会想到做点什么事情进而能与这个世界的形成发生联系。从事风景园林设计的我存在于这样的偶然与必然的相互交织中。对于我来说这个世界以风景这种具象的形式出现，在其中所有的事物相互间关联并持续运动。风景这一个全局像是无数他者们营生的集结。也可以说世界无时无刻在发生着变化。

以风景为媒介可以与世界产生联系。通过风景园林设计，可以感受风景。是不是有点跃跃欲试的感觉。与此同时，也会想这样的事情是不是一个人就可以做到。这也是局部与全局间的关系所在。个人通过设计试图接近全局的时候，持敬畏之心“感受”的态度至关重要。“通过现在的工作如何与这个世界产生联系”“通过现在的工作我们期待实现怎样的愿景”，时常扪心自问，进而在设计与这些问题间往来。

写下这些以后，我重新认识到对于我来说，风景园林设计是一种对于事物的观念。是一种个人面对全局时的思想准备。这并非是作为一种职能的风景园林设计独有的，也并非是风景园林设计的特权，各种领域、职能也在以各自的影响力感受风景。

我最终可能想说的是，站在这样的立场上的人对于自己所行使的力量首先应该有一个自省。在这个意义上，我真心希望站在各种立场上的人都能够读一读这本书，感知到自己所做的事直接联系着这个世界和眼前的风景。

在这里将我所想到的——也并非是对总结性质的论考，做了一些阐述，更谈不上所谓的体系性理论。其实还不如说是一个一个思绪的片段在自己的脑海中相互连接，进而浮现出来一般的感受。当然自一开始就根本没有想过要将其汇编成为书的形式。丸善出版社的渡边康治先生的邀稿、荻田小百合女士的后期帮助能够使我终成此书得以出版，在此深表感谢。

一个又一个的片段相互间关联，我在写作过程中一直期待它们的集结体能够在这本书中有一个全局的体现，最终是否圆满达成了这个目标我自身亦难以判断。这本书也是作为一个他者被投入这个世界。如果它能够成为在此之后所产生的众多的关联性所形成的织网的一部分的话，那我就感到很庆幸了。

此外，在我著书的过程中，得到了川村庸子女士、Labor-atories的加藤贤策先生、北冈诚吾先生的关照。他们能够准确领会我想记述以及表达的内容，通过封面及内页设计的形式给予了本书应有的格调。在此一并表示深深的谢意。

最后作为合伙人之一，对于on site规划设计事务所（studio on site）各位成员表示感谢，如果没有你们也不会有这本书的出版。在这样的回望中，对于曾经涉足如此多的项目感慨万分，如果没有事务所各位同事的努力、没有前辈们的提携，我自身无论如何也无法完成哪怕是其中之一。平日不放在嘴边，我这里郑重写下真的是非常非常的感谢。

与一期一会的项目组，面对一期一会的甲方以及使用者。我深切地再次体会到设计这个行为本身其实就是关联性所形成的织网中的一个又一个片段。

长谷川浩己

照片版权（以下注明之外的均为著者及on site规划设计事务所拍摄）
阿部俊彦：P80-1
釜石市役所：P102-2
Kudo Original Photo：P96-3
吉田诚/吉田写真事务所：P68-2，74-3、4、5，78-1、2，82-上、下，84-1，86-2，89，92-1，94-1、2，100-中，102-3，106-1、2，108-1，110-1、2，112-1，114-1、2，116-1
Nacása & Partners Inc.：P74-2

作者简介

长谷川浩己（Hasegawa Hiroki）

注册风景园林师

1958年生于日本千叶县。on site规划设计事务所合伙人，武藏野美术大学特聘教授。

日本国立千叶大学本科，俄勒冈大学硕士。曾就职于美国哈格里夫斯设计事务所（Hargreaves Associates）以及Sasaki环境设计事务所（Sasaki Environment Design Office）。代表作品有多多良沼公园/馆林美术馆、丸之内oazo、东云CODAN、虹夕诺雅度假村、日本桥COREDO广场、虎溪用水广场、Ogal广场等，获Good Design奖、日本造园学会奖、AACA芦原义信奖、ARCASIA GOLD MEDAL、城市设计奖、土木学会最优设计奖等诸多奖项。合著《设计与否》（学艺出版）等。

作序者简介

章俊华，日本国立千叶大学博士（Ph.D），现为日本国立千叶大学园艺学院风景园林系主任、教授，R-land源树设计创始合伙人。

审校者简介

戴菲，日本国立千叶大学博士（Ph.D），现为华中科技大学建筑与城市规划学院景观学系主任，教授、博士生导师，研究方向为规划学科研究方法、绿色基础设施、城市绿地系统。

译者简介

张安，日本国立千叶大学博士（Ph.D）、清华大学建筑学院博士后，现为青岛理工大学建筑与城乡规划学院风景园林系主任，副教授、硕士生导师，研究方向为风景园林历史与理论。

张清海，日本国立千叶大学博士（Ph.D）、现为南京农业大学园艺学院副院长，副教授、硕士生导师，研究方向为风景园林规划设计与历史理论。

孔明亮，日本国立千叶大学博士（Ph.D）、重庆大学建筑城规学院博士后，现为重庆大学建筑城规学院副教授、硕士生导师，研究方向为风景园林历史与理论、风景园林规划设计。

马嘉，日本国立千叶大学博士（Ph.D），现为北京林业大学园林学院博士后，研究方向为风景园林规划设计及其理论、日本城乡建设与绿地空间。

张云路，日本国立千叶大学联合培养、北京林业大学博士（Ph.D），现为北京林业大学园林学院副教授、硕士生导师，城乡生态环境北京实验室，研究方向为风景园林规划设计理论与实践、城乡绿地系统规划。

郭敏，日本国立岐阜大学博士（Ph.D），现为南京农业大学园艺学院讲师，研究方向为城乡规划、城市绿地功能评价。

编辑简介

刘文昕，日本国立千叶大学修士，现为中国建筑工业出版社国际合作中心编辑（664839105@qq.com）。